南京航空航天大学可持续发展研究丛书

可再生能源技术创新和扩散过程

周德群 丁 浩 周 鹏 著

科学出版社

北 京

内 容 简 介

以可再生能源发展为核心的能源系统绿色低碳转型是实现我国低碳高质量发展的关键。可再生能源发展的关键在于促进技术的创新与扩散，随着可再生能源技术成本不断降低和应用规模不断增大，主体偏好的多样性和区域的差异性特征愈发明显，对相关政策设计和优化的科学性提出了更加急切的需求。本书系统分析了可再生能源技术发展历程，对政策效果、相关方法的理论基础、模型的构建与应用等内容进行了深入探讨。结合我国可再生能源技术发展的实际和提出的理论、方法，提出了相应的政策建议。

本书适合具有一定数理学基础，并对可再生能源技术发展和能源转型感兴趣的读者，也可供从事能源经济与政策建模的学者参考。

图书在版编目(CIP)数据

可再生能源技术创新和扩散过程/周德群，丁浩，周鹏著. —北京：科学出版社，2023.9

（南京航空航天大学可持续发展研究丛书）

ISBN 978-7-03-071604-0

Ⅰ. ①可… Ⅱ. ①周… ②丁… ③周… Ⅲ. ①再生能源－技术革新－研究 Ⅳ. ①TK01

中国版本图书馆 CIP 数据核字（2022）第 029934 号

责任编辑：陶 璇／责任校对：贾娜娜
责任印制：张 伟／封面设计：无极书装

科学出版社 出版
北京东黄城根北街 16 号
邮政编码：100717
http://www.sciencep.com
北京厚诚则铭印刷科技有限公司印刷
科学出版社发行 各地新华书店经销
*
2023 年 9 月第 一 版 开本：720 × 1000 1/16
2024 年 1 月第二次印刷 印张：9
字数：192 000
定价：98.00 元
（如有印装质量问题，我社负责调换）

前　　言

以可再生能源技术（renewable energy technology，RET）创新和扩散为主导的能源系统由污染到清洁、由高碳到低碳的变革是一个长期的、融合渐变和突变的过程。这一过程涉及多类技术、多种产业和多个主体，是一个复杂的系统演化过程。随着技术成本不断降低、应用规模不断增大，RET 发展过程中主体偏好的多样性和区域的差异性特征越来越明显。这也对今后相关政策设计和优化的科学合理性提出了更加急切的需求。

在此背景下，亟须对 RET 发展的一般规律具备更加深入的理解。RET 创新和扩散过程受哪些因素的影响？这些因素又是如何影响可再生能源的演化路径的？从上述科学问题出发，本书系统地分析 RET 供需双侧的发展过程，并针对现有政策的实施效果、相关研究模型应用的理论基础、模型的构建与应用等具体内容进行深入探讨。结合我国 RET 发展的现实和本书所提出的相关理论、方法，进一步提出相应的政策建议。本书的具体研究工作和结论包括以下几点。

（1）基于当前 RET 发展的关键指标特征和现有研发政策的效果与影响机理提出今后政策的框架体系。政府对 RET（以光伏发电技术为例）的研究与试验发展（research and development，R&D）政策投入通过技术推动作用在过去的十余年里为 RET 的快速发展做出了巨大的贡献。那么，现有的研发政策具体实施效果如何？相关政策对 RET 技术变化的作用机理为何？本书首先针对上述问题进行分析，构建一个基本的研中学（learning-by-researching，LBR）学习曲线模型，评估中国、德国、美国和日本的光伏研发政策的绩效。在此基础上，选取 RET 技术变化相关指标（包括生产规模、安装规模和技术进步等）进一步分析相关政策的作用机理。研究结果表明，现有光伏发电技术研发政策能够有效降低组件的生产成本，从而促进光伏组件市场的发展。然而，较低的光伏发电技术水平和光伏电力上网水平在一定程度上造成了当前光伏组件市场过剩的状况，同时也造成了世界各地普遍存在的"弃光"现象。结合上述研究，今后的光伏发电技术研发政策应在提高能源转换效率（技术水平）和光伏系统的电网集成技术（需求拉力）两个方面做出更多努力。

（2）从理论层面探讨了基于学习曲线的供应侧可再生能源技术变化过程建模的关键因素。对可再生能源技术变革的深入了解对于促进能源转型和缓解气候变化至关重要。本书进一步对可再生能源技术创新过程的规律总结和建模拟合进行了研究，尤其是如何应用学习曲线方法拟合供应侧 RET 的技术变化过程。作为拟合 RET 内生技术变化过程的有效工具，学习曲线已广泛用于可再生能源技术研究中。尽管如此，现有文献较少对学习曲线在 RET 研究中的应用规律进行分析。本书基于学习曲线方法应用中的理论基础、变量选择和结果的解释，结合已有的文献研究工作，探讨了在 RET 研究中应用学习曲线的一些基本规则。包括利用学习曲线方法分析 RET 创新过程的原因和前提条件。它还讨论了如何在 RET 研究中构建学习曲线，包括选择模型公式、变量和数据集。此外，本书还进一步讨论了学习曲线方法在可再生能源技术创新过程研究应用中的一些挑战，从而为今后的研究提供一定的理论基础和应用指导。

（3）基于需求侧技术扩散过程的关键影响因素及其作用机理构建可再生能源技术扩散模型。把握技术扩散的机理和主要特征是可再生能源发展规划和管理优化的基础。那么，RET 扩散的过程包含哪些阶段？各阶段分别受哪些因素的影响，其作用机理为何？本书第三部分基于信息扩散、技术经济、社会认可度等因素对可再生能源技术的影响及其作用机理进行分析，根据投资者状态变化，将技术扩散过程划分为技术获悉、效益计算和技术认可三个阶段，构建了可再生能源技术扩散（即潜在投资者转变为最终投资者）过程的数理模型。探讨了可再生能源技术扩散的速度有限性、政策效率递减性以及区域差异性三个关键特征，结合算例验证模型并进一步分析了技术扩散的不同驱动力，从而为可再生能源技术扩散机理政策制定提供理论支持和意见建议。

（4）系统整合供需双侧技术发展规律，构建可再生能源技术发展的动态模型，并应用其对相关政策进行优化设计。如何系统地分析 RET 发展关键因素，优化相关激励政策？对这一问题的把握是构建科学合理的 RET 激励政策的根本。基于上述研究，本书考虑 RET 供需双侧技术发展的相互耦合作用，建立了 RET 创新和扩散系统动态变化模型。针对政府政策支持在推动 RET 发展中的重要地位，进一步构建了一个动态规划模型，从而寻求政府 RET 发展的最优激励政策方案。研究结果表明，政策支持在 RET 发展初期驱动效果显著。从长远来看，对于可再生能源技术发展的政策补贴水平应不断降低，且降低的速度需要高于 RET 成本下降的速度，以保持较高的政策效率。考虑到技术变革对可再生能源发展的影响，可以进一步提高政策效率。

本书为南京航空航天大学能源软科学研究中心的集体研究成果。周德群教授、周鹏教授统筹安排全书的总体内容。全书的统稿和核校工作由丁浩和赵斯琪完成。各章的主要完成人如下：第 1、2 章为周德群、丁浩、赵斯琪；第 3、4 章为周鹏、种墨天、张晨曦；第 5 章为周鹏、丁浩、张一宁；第 6 章为周德群、丁浩、葛灵钰；第 7 章为丁浩、刘震璟、杨金波；第 8 章为丁浩、周显扬、赵斯琪、章苗苗；第 9 章为周德群、周鹏、丁浩。

　　本书的研究是团队在相关领域多年深耕下的一个阶段性成果。团队从 2004 年开始关注我国的能源转型发展相关问题，并较早开展了我国可再生能源发展的相关研究，2009 年以周德群教授为首席专家的国家社会科学基金重大项目"不确定条件下我国能源开发、利用和储备可持续发展战略"立项，对相关问题的研究开始步入系统化的阶段，2010 年关于可再生能源发展相关问题的两份研究成果在全国哲学社会科学工作办公室《成果要报》发表，其中一份获得中央有关部门领导的重视和通报表扬。2013 年，该项目顺利结题，但是我们对相关问题的研究仍然在持续进行着。2018 年，周德群教授承担的国家自然科学基金重点项目"可再生能源发展驱动机理与路径选择"获得立项，对可再生能源发展的相关研究开始进入更加深入的阶段，2020 年，课题相关研究成果被联合国下属机构报告引用。这些为我们持续在可再生能源发展领域开展深入研究源源不断地注入动力；2022 年，周德群教授承担的国家社会科学基金重大项目"碳中和目标下我国能源转型的风险和管控体系研究"获得立项，对碳中和目标下我国以可再生能源发展为核心的能源转型风险及其管控体系的研究逐步展开。

　　本书的完成是团队在该研究方向上最近几年的一个总结。在此感谢所有研究人员的努力和辛勤付出。感谢为相关课题研究提供指导和做出贡献的国内外专家学者，是大家共同的才智和奋斗使该研究方向快速发展至今。如前所述，一个团队的能力极为有限，我们衷心希望广大读者对本书的不足之处给予批评指正，对相关研究提供宝贵的意见和建议。

周德群

2023 年 5 月

目　　录

第1章　全球可再生能源发展

1.1　能源技术变革与气候变化

能源技术变革是实现能源系统低碳转型及缓解气候变化的关键方式。2015年,《巴黎协定》的缔结标志着全球新一轮气候治理行动的开始。该协定提出将全球温度提升控制在2℃的目标,并在此基础上提出了更加严格的1.5℃的温度控制目标。上述目标的实现最关键的是减少包含二氧化碳在内的温室气体排放量。依托技术变化、利用清洁的可再生能源技术代替传统化石能源在社会生产和生活中的地位是减少温室气体排放、缓解全球气候变化的最根本有效的方式。全球能源系统正加速朝着清洁、低碳和高效的方向转型,世界各国纷纷调整自身的能源战略,增加清洁可再生能源的比重。在多种驱动因素的作用下,可再生能源技术得到了快速发展。

技术创新和扩散是实现可再生能源发展的重要驱动力。因而各国政府均对其十分关注。美国政府极为重视可再生能源技术的研发与应用并制定了一系列激励政策。麻省理工学院开发的排放预测和政策分析（Massachusetts Institute of Technology-emissions prediction and policy analysis,MIT-EPPA）模型和斯坦福大学开发的整合评估模型（integrated assessment model,IAM）都将可再生能源技术发展作为低碳发展和气候变化过程的关键要素。可再生能源技术也是我国政府长期关注的焦点。曾任国家发展改革委副主任的解振华在2016年博鳌亚洲论坛上提出,实现应对气候变化"最关键的还是技术创新"（王心馨和是冬冬,2016）。而针对技术研发政策、低碳技术应用激励政策、低碳技术政策对技术发展的影响等可再生能源技术创新及扩散促进政策分析问题,麻省理工学院能源与环境政策研究中心（Massachusetts Institute of Technology-Center for Energy and Environmental Policy Research,MIT-CEEPR）、斯坦福大学能源建模论坛（Energy Modeling Forum,EMF）等多家研究机构做了大量的研究工作。

1.2　全球可再生能源发展的显著成就

一方面,可再生能源技术的成本显著降低,如图1.1和图1.2所示,可再生能源技术相关成本整体上自2010年以来不断降低,图1.1显示光伏和风电的装机成本不断降低,其中光伏发电技术成本降低最为明显;图 1.2 显示光伏发电的平准化度电成本(levelized cost of electricity,LCOE)也呈现明显的降低趋势。2005 年以来,多晶硅光伏电池在世界主要国家的价格如表 1.1 所示。多晶硅光伏电池价格由 2005 年的 4.49 美元/Wp(Watt peak,光伏电池峰值功率)降低到了 2015 年的 0.65 美元/Wp。

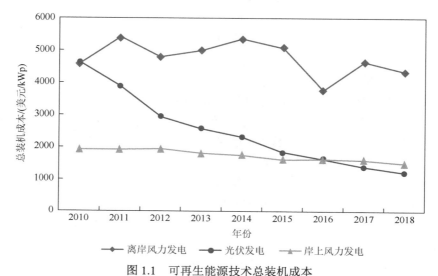

图 1.1   可再生能源技术总装机成本

资料来源:光伏发电数据来源于国际可再生能源协会 2019 年发布的报告 "Renewable power generation costs in 2018",风力发电数据来源于全球风能理事会 2011~2019 年的《全球风能报告》

注:图中的成本为折算到 2018 年的价格

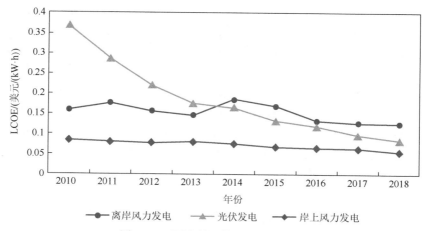

图 1.2   可再生能源技术 LCOE 变化

资料来源:光伏发电数据来源于国际可再生能源协会 2019 年发布的报告 "Renewable power generation costs in 2018",风力发电数据来源于全球风能理事会 2011~2019 年的《全球风能报告》

注:图中的成本为折算到 2018 年的价格

表 1.1　多晶硅光伏电池价格　　　　　（单位：美元/Wp）

年份	全球	美国	日本	中国	德国
2005	4.49	3.87	3.99	—	7.34
2006	4.59	4.11	4.02	—	6.39
2007	4.34	3.85	4.03	6.32	5.61
2008	4.4	3.84	4.09	5.2	4.96
2009	2.76	3.08	3.66	3.24	2.87
2010	2.17	2.13	3.42	2.12	2.14
2011	1.26	1.68	3.07	1.41	1.61
2012	0.72	1.19	2.63	0.69	1
2013	0.81	0.76	2.34	0.63	0.81
2014	0.7	0.87	1.778	0.56	0.68
2015	0.65	0.71	1.25	0.52	0.63

资料来源：相关价格由各市场价格整理获得。

注：表中的价格为折算到 2005 年的价格。

另一方面，可再生能源技术的应用规模不断扩大，如图 1.3 所示。自 2010 年开始，全球非水力可再生能源投资总额达到近 2.6 万亿美元，其中太阳能技术总投资约为 1.3 万亿美元，风能约为 1 万亿美元。2017 年，可再生能源发电装机容量约占 2017 年世界总新增电力装机容量的 70%，而在终端能源消费中，可再生能源约占 10.4%，其中可再生能源电力占 5.4%（水电占 3.7%）（REN21，2018），经济合作与发展组织（Organization for Economic Co-operation and Development，OECD）成员国可再生能源占全部能源供应的 9.7%。根据全球风能理事会（Global Wind Energy Council，GWEC）的统计报告，如图 1.4 所示，自 2002 年开始，风力发电在全球范围内得到了极大的应用。2021 年底全球累计风电装机容量达到 837GW，约为 2001 年的 40 倍。各国及其组织相继提出了今后的发展目标，截至 2017 年，全球范围内已经有 179 个国家提出了其可再生能源发展目标，57 个国家提出了可再生能源电力占比 100% 的目标（REN21，2018）。德国政府提出到 2025 年实现可再生能源占该国全部能源比重提升到 40%～45% 的目标，且到 2035 年达到 55%～60%；我国的《可再生能源发展"十三五"规划》提出，到 2020 年可再生能源年利用量达到 7.3 亿 tce（ton of coal equivalent，吨标准煤），其中可再生能源发电量达到全国总发电量的 27%。

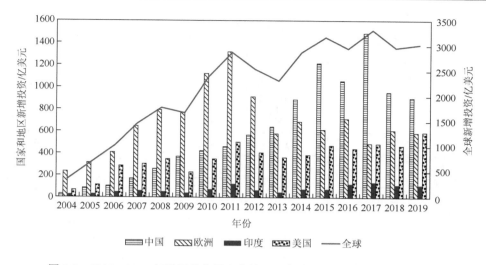

图 1.3　2004～2019 年世界某些国家和地区及全球新增可再生能源投资情况

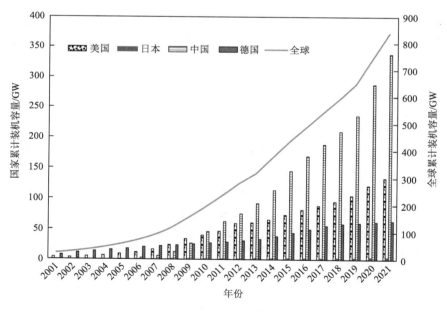

图 1.4　世界风力发电技术累计装机容量变化

1.3　把握可再生能源技术创新与扩散过程的一般规律

在技术创新和扩散过程中，成本是决定其在市场上能否获得成功的决定因素（Matteson and Williams，2015）。从供应侧角度，新兴的可再生能源技术（光伏、风电等）要想代替已有的成熟能源技术，必须回答"新兴技术的成本需要达到什么水平才能代替现有技术？"的问题。在可再生能源技术发展的初始阶段，通常需要依赖有效的政策刺激来促进其创新和扩散，这已经在全世界范围内达成了共识。而分析技术的内在变化（endogenous technological change）过程及其影响因素，是可再生能源技术成本变化研究的基础，也能够从供应侧角度为制定有效的激励政策提供理论和实际依据。

从需求侧的角度，可再生能源技术的市场扩散（market diffusion）受主体行为、市场结构、政策等要素的影响。如何有效地刻画市场投资者对于技术成本及相关激励政策的反应是刻画可再生能源技术市场扩散动态变化的关键。根据主体需求和技术的发展水平，识别可再生能源技术规模化利用的边界条件，通过"市场-政策"协同的手段促进边界条件的实现是低碳能源技术扩散过程中亟须解决的关键问题之一。

本书通过多学科、多理论、多方法的交叉融合，围绕可再生能源技术发展过程中的重点问题展开研究，着力识别典型可再生能源发展的驱动机制和主要趋势，把握可再生能源技术发展偏好的形成规律及作用机理，分析不同政策激励下可再生能源技术发展相关主体的决策行为及其影响，构建符合中国特色和情景的可再生能源技术发展目标和路径。因此本书的研究具有强烈的现实背景和积极意义。

理论上，本书的研究有助于把握可再生能源技术发展的内涵、驱动机理及发展偏好等一般化规律，丰富能源经济和管理相关理论；有助于捕捉可再生能源技术发展相关主体的行为规律及其影响，促进行为理论、管理理论与能源经济等多学科理论的交叉与融合；有助于建立可再生能源技术发展系统分析与优化管理理论，推动相关研究的理论基础创新。

方法上，本书旨在构建可再生能源技术发展的一般规律，构建供需双侧可再生能源技术变化的基本模型、可再生能源技术发展系统模型以及政策的评估和动态优化模型等，有助于搭建可再生能源技术发展系统建模方法；有助于建立可再生能源技术发展决策分析和动态优化方法；有助于通过数理模型的构建，开发并改进可再生能源技术发展和能源转型的相关研究方法，推动研究工具和手段的创新。

实践上，本书的研究有助于从中外可再生能源技术发展和能源转型的对比中发现一般性和特殊性，为探寻满足新时代要求且具有中国特色的差异化可再生能源发展路径提供有力支撑；有助于厘清可再生能源技术发展相关主体与供需双侧的利益诉求，为可再生能源技术发展政策机制和保障机制的设计提供可靠的依据；有助于揭示可再生能源技术发展的驱动机制和主要障碍，为针对性、系统性政策的制定提供方向。

第 2 章　加快构建我国可再生能源发展路径

党的十九大再次强调了建立健全绿色低碳循环发展的经济体系，推进能源生产和消费革命，构建清洁低碳、安全高效的能源体系[①]。这迫切需要我国既能掌握世界可再生能源发展的基本规律，顺应能源变革的潮流和趋势，又能立足国情、区情，切实可行地推动可再生能源发展，以实现经济社会更高质量的发展。

2.1　推动可再生能源发展是新时代的新要求

随着全球气候变化问题的日益突出以及国际社会的普遍关注，世界各国纷纷调整自身的能源战略，增加清洁可再生能源的比重。2016 年，世界可再生能源新增投资约为 2416 亿美元（不包括大型水电），约为 2004 年的 5.14 倍，全球可再生能源发电总装机容量可提供世界总电力的约 24.5%。在我国，可再生能源发展也取得了一些突破性和标志性的成果。2016 年，我国可再生能源电力与燃料投资和可再生能源发电总装机容量均位列世界第一，2017 年光伏发电和风电占全国总发电量的 6.6%。

各国及国际组织针对可再生能源相继提出了未来的发展目标，欧盟要求其成员国到 2030 年能源需求的 32%由可再生能源实现；德国政府计划到 2025 年将可再生能源占比由当前的 33%提升到 40%～45%，到 2035 年提升到 55%～60%。我国的国家能源局《新型电力系统发展蓝皮书》和《"十四五"可再生能源发展规划》要求到 2030 年，我国非化石能源消费比重达到 25%左右，风电和太阳能发电总装机容量要达到 12 亿千瓦。

2.2　我国可再生能源发展急需更加稳健的政策环境

能源由污染到清洁、由高碳到低碳的变革是一个长期的、融合渐变和突变的过程，涉及多类技术、多种产业和多类不同主体，是一个复杂的系统演化过程。各国的发展因其国情不同而存在差异，总体来看，世界各国可再生能源发展仍处于"摸着石头过河"的探索期，战略与路径的选择带有一定的随机性，政策的供给带有一定的试探性，由此也带来了可再生能源发展过程中的一些问题。

---

① 决胜全面建成小康社会 夺取新时代中国特色社会主义伟大胜利——在中国共产党第十九次全国代表大会上的报告.[2017-10-27]. https://www.chinacourt.org/article/detail/2017/10/id/3033281.shtml.

首先，技术与市场的变化导致的不确定性在增加。当前，可再生能源发展已有了阶段性收获，然而在取得进展的同时，我们往往忽视了对可再生能源发展一般规律及驱动机制的深刻认知，从而影响战略规划的有效性。2017 年，我国可再生能源发电装机同比增长 14%，但弃风、弃光率分别达到 12% 和 6%。

其次，政策投资的资源配置效率问题日益突出。装机补贴、固定上网电价等经济性激励，是当前可再生能源发展的主要动力之一。这些政策保证了投资可再生能源的经济收益，短期内可以有效刺激对可再生能源的需求。然而，由于没有或较少考虑可再生能源持续发展的内在需求与规律，这些政策可能会带来"政策失效""效率低下""补贴不可持续"等问题。同时，如果政策设计忽视了不同主体（政府、企业、消费者）的角色定位和行为机制，往往会导致"主体利益协调困难"和"主体行为异化"等问题。这些问题反馈到政策制定过程，会引起政策的不稳定、不持续，导致可再生能源发展规划目标调整过于频繁，政策的实施方式（如补贴水平、补贴形式等）经常变动。

最后，进入新时代，可再生能源发展的空间异质性不断凸显，由此带来的政策有效性问题越发突出。受资源分布、市场结构、产业环境等区域异质性约束，可再生能源发展呈现出明显的区域差异性，例如，在"三北"地区，可基于资源基础发展风电。因此，在可再生能源发展过程中，各个国家与地区在政策、技术、市场等方面形成多样化的发展路径。例如，就可再生能源发展规划目标设计来看，日本、西班牙等从一次能源占比出发制定目标；欧盟、巴西等从最终能源消费占比出发制定目标；我国则立足于节能减排，从碳强度目标出发，推演到可再生能源占比目标。

2.3　构建符合"美丽中国"总要求的可再生能源发展路径

进入新时代，可再生能源的发展问题日益呈现系统化和复杂化，因此，亟须从战略层面上进行统筹考虑、系统规划，加快构建可再生能源发展路径。

（1）要从战略层面进行统筹规划。必须更加重视对可再生能源发展规律的整体认识和把握，更加重视对市场、技术、消费者等各种驱动因素及驱动机理的深入研究。在此基础上，明确可再生能源发展的国家战略，合理规划可再生能源发展的地区布局和系统结构，构建长期有效的可再生能源发展路径。

（2）要设计更加稳健、有效的政策。当前，可再生能源发展呈现出多主体复杂动态博弈的特征，可再生能源的边际社会效益逐渐降低，激励政策实施的成本压力越来越大，政策投资的资源配置效率问题日益突出，政策的杠杆作用也在逐步削弱。亟须有关部门从不同主体的内在需求出发，深入探讨其决策动机、决策行为及其影响，在此基础上，综合各主体的利益诉求，完善利益分配机制，设计更加有效、稳健的政策。

（3）要增强政策的普适性与差异性。一些地方由于产业结构、消费结构的差异，在可再生能源发展道路选择上同样也呈现多样化的特点。当前，亟须研究政策的普适性与差异性，确定好长期战略性引导政策，在此基础上，立足国情、省情、区情，从资源禀赋、经济结构、环境状况等方面制定更加有针对性和灵活有效的政策，构建符合"美丽中国"总要求的可再生能源发展路径。

第3章　可再生能源发展相关概念与理论基础

3.1　可再生能源与可再生能源发展

可再生能源是指不需要人力参与便会自动再生、相对于会穷尽的非可再生能源（如石油、煤炭、天然气等）以外的能源，包括水能、太阳能、风能、生物质能、地热能和潮汐能等。目前从开发规模、技术成熟度、产业体系、经济性等方面综合考虑，我国比较典型的可再生能源包括水能、风能、太阳能和生物质能。

可再生能源发展则是指通过可再生能源利用技术的创新和市场扩散应用，实现可再生能源利用规模的不断增长的过程。可再生能源的自然更新无须人力参与，但可再生能源发展，即可再生能源技术的创新和扩散过程，涉及人力、资金、物力等多种资源。截至 2018 年底，世界非水可再生能源为社会提供了 890 万个工作岗位，其中光伏发电产业提供了 360.5 万个工作岗位，风力发电产业提供了 116 万个工作岗位（IRENA，2019）。从生命周期的角度，可再生能源发展涉及技术研发、生产制造、运输、安装建设、运营维护、项目退出六个环节。各个环节中人员的需求比例如图 3.1 所示。此外，近年来，世界各国对可再生能源发展

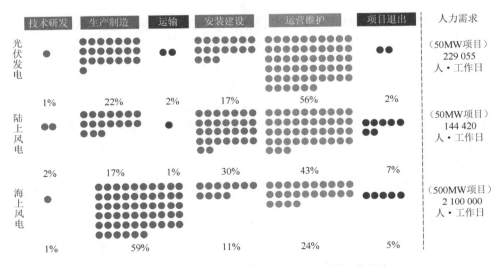

图 3.1　可再生能源发电项目人力资源需求及其分布

的投资也不断增加，如图 1.3 所示，2019 年，世界新增可再生能源投资总额约为 3017 亿美元（其中中国占比接近 30%）（Frankfurt School-UNEP Centre/BNEF，2020）。结合 Worldometer 网站统计（https://www.worldometers.info/gdp/gdp-by-country）可知，2019 年世界新增可再生能源投资总额约与巴基斯坦的国内生产总值（gross domestic product，GDP）总量（3050 亿美元）相当，超过了当年世界 140 多个国家各自的 GDP 总量。

3.2　可再生能源技术创新过程分析相关概念及理论

3.2.1　可再生能源技术的外生变化理论

　　早先，学者倾向于视技术变化为依据时间变化的一个外生（exogenous）过程（MacCracken et al.，1999；Nordhaus，1994），这也是外生技术变化与内生技术变化间最主要的区别，即外生技术变化在刻画技术创新过程时认为技术的成本仅随着时间而改变（Gillingham et al.，2008）。

气候变化建模研究者利用多种方式将外生技术变化模型引入气候变化建模过程中，其中最简单的一种方式就是假设存在一个希克斯中性生产增益控制着整个经济发展过程（Gillingham et al.，2008）。为使这一假设能够满足技术变化始终朝着一个节能的方向进行，学者引入了一个能源效率自改善（autonomous energy efficiency improvement，AEEI）参数，来表征整体经济中能源效率随着外生量逐年提高的过程。AEEI 在整体模型中应用更加普遍（MacCracken et al.，1999；Nordhaus，1994）。AEEI 具有简洁性和易理解性的优势，并且能够减少模型非线性、多等式的风险。另外一种外生技术变化分析方式就是支撑技术的应用。在气候变化建模领域，支撑技术主要为零排放的能源技术，这些技术虽已被提出，但尚未进入广泛的商业应用阶段。低碳建模研究者通常假设支撑技术的成本按照其自身固定的一个外部速率随着时间而逐渐降低，一些模型中也可能会存在多个支撑技术，如一般均衡环境模型（general equilibrium environments model，GREEN）（Burniaux et al.，1991）。现有研究中，通常将光伏发电、核电、可能的可再生交通能源和高级的化石能源技术（如页岩气）作为支撑技术进行分析（Löschel，2002）。

具体模型构建过程中，可能会存在多个趋势来决定技术变化的整体水平和变化方向。例如，Jorgenson 和 Wilcoxen（1993）引入了 5 个参数变量来描述技术变化过程，其中两个变量描述整体的技术水平，三个变量描述技术变化的方向。其构建的模型如式（3.1）所示：

$$\ln C_t = \alpha_0 + \ln p_t^{\mathrm{T}} \alpha_p + \alpha_t g(t) + 0.5\ln p_t^{\mathrm{T}} \beta_{pp} \ln p_t + \ln p_t^{\mathrm{T}} \beta_{pt} g(t) + 0.5\beta_{tt} g^2(t) \quad （3.1）$$

式中，C_t 为技术成本；α_0 为反映部门特征的常数项；p_t 为投入要素的价格；$g(t)$ 为时间趋势；β_{pp} 为反映行业不同技术之间差异性的参数；α_p、α_t、β_{pt}、β_{tt} 为描述整体技术变化水平的参数变量。式（3.1）对时间的导函数反映了技术变化的方向。

3.2.2　可再生能源技术的内生变化理论

尽管外生技术变化模型能够简化技术变化的建模过程，但仍然有很多学者认为技术变化是一个基于多个因素的复杂过程。因而在气候变化建模分析领域，学者引入了一个反馈机制来描述政策等因素对技术变化方向和变化速率的影响，这一反馈机制往往通过能源价格、新增的研发投入和累积的生产经验等方式作用于技术变化过程（Gillingham et al.，2008）。这一分析表明技术的成本变化不仅受时间和当前价格的影响，还受到历史价格和活动的影响。因而产生了对内生技术变化建模的思考。

基于内生技术变化，部分学者首先分析了历史价格水平对当前生产可能性的影响过程（Newell et al.，1999；Jaffe et al.，2003），在这一分析中，学者认为外生技术变化的 AEEI 参数忽略了这些历史数据的影响，从而会造成分析结果的不可靠性。Gillingham 等（2008）针对内生技术变化进行建模，从而将内生技术变化模型用于政策分析过程中。

在内生技术变化模型构建中，通常采用一个不可观测的"知识积累"变量来主导技术变化的水平和方向。这一知识积累可以包括历史价格、研发投资、经验学习等，然而这一方式尚未具备成熟的理论支撑，因此多停留于方法和工具的应用层面，而不具备足够的理论分析证据。Fisher-Vanden 等（2004，2006）利用研发投资作为经验积累的变量分析了其对未来能源使用和碳排放的作用；Popp（2001）则选取了专利作为创新变量进行分析；Wing（2008）则引用直接价格引起的节能经验积累作为自变量进行分析。

在上述建模过程中，一个关键问题在于寻找驱动技术变化的主要因素及作用机理，常用的内生技术变化通常包括：直接价格导致的技术变化、研发导致的技术变化和经验学习导致的技术变化。此外，随着国际化进程和国际交流的越发频繁，尤其是在应对全球气候变化过程中，国际合作的重要性逐渐增强，因此国际技术转移等因素也对技术变化过程产生了重要的影响。de Coninck 和 Puig（2015）分析了国际技术转移对发展中国家技术创新的作用，并构建了发展中国家的技术创新系统方程。Ockwell 等（2015）指出了国际合作技术研发及其结果的复杂性，并构建了一个系统化模型用于研究国际低碳技术转移对技术变化的影响。

3.3　可再生能源技术扩散过程分析相关概念及理论

3.3.1　可再生能源技术社会认可度

社会认可度问题是影响可再生能源技术应用发展的主要问题之一。Noblet 等（2015）提出，公众关心的不仅包括能源的供应问题，还包括能源的需求问题，而能源的需求与主体的选择和偏好、主体行为及技术的表现都息息相关；Hope 和 Booth（2014）分析了英国居民生活能源消费和碳排放情况，为了探讨如何通过居住环境的改变实现碳减排目标，他们利用问卷调查的方式研究了私人租户对房屋能源效率提升相关技术的态度和行为。该调查发现，尽管政府在推动居民能源效率改善方面提出了诸多激励政策，然而上述政策均未能取得足够的成功，因此需要更多地考虑居民尤其是租住主体的动机来帮助政府设计更加有效的激励和干预措施；Walter（2014）分析了主体对风能等可再生能源的态度及社会对特定风电项目的认可度之间的关系，并对主体对不同风电项目的认可度进行了划分和排序。该研究显示，公众态度是社会认可度的一个重要预测指标，然而公众态度往往比社会认可度要高出很多；对于社会认可度的解读及其复杂性分析，学者通过场景依赖、保护价值、道德任务、地理分布和程序公平理论等进行研究（Devine-Wright，2009；Devine-Wright and Howes，2010；Visschers and Siegrist，2014；Gross，2007）。Pellizzone 等（2017）调查了意大利南部公众对于地热能源的态度，并发现尽管意大利南部地区地热能资源丰富，但公众对于地热能源项目的相关知识认识不足，并且对决策制定过程缺乏信任，上述因素对该地区地热能源技术的发展具有较大的影响；Tsantopoulos 等（2014）以希腊为例，分析了公众对光伏发电技术发展的态度；Sovacool（2014）提出在分析可再生能源技术社会认可度的过程中，工程师、科学家、经济学家和政策制定者通常聚焦于技术细节，往往忽略了考虑居民生活方式和社会意识的重要性。

3.3.2　可再生能源技术主体支付意愿

低碳技术扩散过程中，主体行为和主体态度对扩散过程具有极为重要的影响。首先是对主体认可度及行为的差异性分析。Snape 等（2015）利用主体建模的方法，分析了英国消费者对于可再生能源供热技术激励政策的反应，提出非经济阻力是影响低碳能源技术认可度的重要因素，该研究主要分析了经济效应、社会效应和"麻烦因素"对主体决策的影响。Bauner 和 Crago（2015）分析了不确定条件下的居民光伏发电技术采用情况，指出效益和成本的不确定性引起了投资时点的推迟，而要引发实际的投资，实际的投资收益必须超出投资成本的 60%，他们提出，刺激居民光伏发电技术投资的最有效方式是能够降低收益不确定性的政策激励措施。Axsen 等（2015）分析了潜在的接入式电动汽车购买者之间的偏好和生活方式的异质性，该研究旨在利用调查的方式探索主体异质性的主要影响因素，利用 1754 位加拿大新车购买者的意愿调查数据，通过采用偏好划分部门及根据生活方式划分部门两种方式，他们调查了不同部门居民对插电式汽车和电动汽车的响应程度。

其次是主体对可再生能源技术支付意愿的差异性研究。Murakami 等（2015）通过在线偏好调查方法，对比分析了美国和日本的消费者对于低碳能源和核能的支付意愿，深入探讨了不同国家主体认知及行为的差异性。Sundt 和 Rehdanz（2015）通过文献元分析的方法研究了消费者对绿色电力的支付意愿。Chan 等（2015）以南亚为例分析了对绿色电力支付意愿测度的有效性。相关研究还有 Lee 和 Heo（2016）的研究等。Langbroek 等（2016）分析了激励政策对促进电动汽车使用的影响。Sanchez 和 Kammen（2016）构建了负碳排放能源的商业化战略。de Coninck 和 Puig（2015）对技术循环（technology cycle）不同阶段的主体进行了描述，包括研究机构、政府和私人，每一个主体均在技术的发展过程中扮演了不同的角色。新技术和新产品的传播通常会被社会学习所引导，这就是市场研究中所谓的扩散过程（Bass，1969；Mahajan et al.，1990）。这一概念提出技术在社会中的渗透会提高公众对技术价值的认可度，从而产生更大的潜在需求（Geroski，2000；Rao and Kishore，2010）。Bollinger 和 Gillingham（2012）研究了加利福尼亚州光伏技术在居民生活中的应用，结果验证了社会交互影响对技术扩散的作用确实存在。

3.3.3　巴斯扩散模型

巴斯扩散模型（Bass diffusion model）描述了一项新技术在一个社会系统中实现的传播。根据创新扩散理论，新技术或新产品的采用者通常可以分为五类：创新采用者（innovative adopter）、早期采用者（early adopter）、早期大多数（early majority）、晚期大多数（late majority）、落后者（laggard）（Rao and Kishore，2010）。巴斯扩散模型的核心思想是不同主体对新技术的接受程度不同，创新群体对新技术的投资决策行为独立于社会系统（市场）其他群体，而其他群体（模仿者）对技术的投资决策受社会系统的影响，这种影响随着新技术在市场的应用数量增加而增大。

根据创新扩散理论和巴斯扩散模型，可再生能源技术在市场中的扩散过程可以通过图 3.2 所示的 S 形曲线来描述。

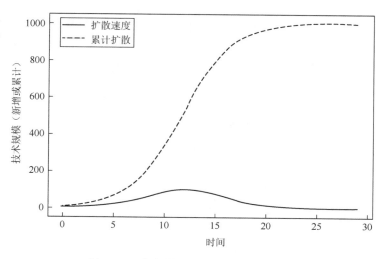

图 3.2 巴斯扩散过程（S 曲线）示意图

3.3.4 可再生能源技术扩散过程环境经济与政策影响相关理论

成本是技术获得大规模利用和市场成功应用的关键，一些学者因此针对可再生能源技术的成本变化做了宏观分析（Levi and Pollitt，2015；Baker et al.，2015；Chu and Majumdar，2012）。Pillai（2015）利用成本、销售量、企业资金投入等数据，分析了光伏技术成本降低的驱动因素。de Coninck 和 Puig（2015）、Ockwell 等（2015）研究了机构以及合作对气候变化技术的发展及其向发展中国家转移的作用。Benson 和 Magee（2014）分析了光伏发电、风电等低碳能源技术的改善速率。Reichelstein 和 Yorston（2013）分析了光伏发电的成本竞争力，并提出个人规模内的光伏发电应用技术成本尚未能够与化石能源电力成本竞争，然而商业规模的光伏发电成本竞争力已经足够与化石能源发电技术进行竞争，在考虑政策补贴的情况下，个人规模的光伏发电将在 21 世纪内实现成本竞争力，而商业规模的光伏发电技术可在 2020 年左右实现与传统化石能源技术的成本竞争力。Pfeiffer 和 Mulder（2013）分析了非水电可再生能源（non-hydro renewable energy，NHRE）技术在发展中国家的扩散过程，探讨发展中国家在是否使用 NHRE 技术以及其应用规模的选择决策过程中所考虑的主导因素。研究发现，经济和监管措施的实施、高人均收入水平、高教育水平和稳定民主的政治体制都有利于 NHRE 技术在发展中国家的扩散。

国内外学者还对气候变化及环境政策对可再生能源技术扩散的影响做了大量的研究工作。Krass 等（2013）分析了环境税、补贴和退税工具等对垄断企业选择采用低碳能源技术决策及相应社会福利等决策的影响；Drake（2011）探讨了碳税政策对于本土企业和外国企业在非对称监管环境中做技术选择决策的影响；此外，Drake（2018）研究了碳排放监管、碳税和碳交易等政策对于技术选择决策的影响。

Haselip 等（2015）分析了低碳和气候适应技术在发展中国家转移和扩散的监管、保障和政策，包括基于市场的机制（market-based mechanism）和政策计划（political project）等。Ma 和 Chen（2015）构建了一个概念系统优化模型来对新兴的基础设施的应用进行分析，考虑到技术学习和区域认知的不确定性，他们分析了初始投资、技术学习、市场规模等要素对于应用的影响，还考虑了新兴设施在供应侧和需求侧间的应用优化问题。Leibowicz（2015）通过情景分析，提出竞争市场比垄断市场拥有持续时间更长的低价，从而产生更高的技术应用率和更低的二氧化碳排放量。

第4章　可再生能源发展相关研究与中国路径

4.1　引　　言

随着全球气候变化问题的日益严峻以及国际社会对这一问题的普遍关注，世界各国纷纷调整自身的能源战略，增加清洁可再生能源的比重。在多种力量的推动下，可再生能源得到了快速发展。

目前，世界各国可再生能源的发展仍处于探索性的"摸着石头过河"阶段。战略的制定、路径的选择、政策的供给往往带有一定的试探性，这种试探性给各国带来可再生能源发展方向与路径选择的多重复杂性。对可再生能源发展过程的深刻认识，有助于我们排除各种干扰项，制定更加有效、稳健的政策，推动可再生能源的可持续发展。

本章对已有可再生能源发展相关研究进行综述。此外，本章还对可再生能源发展的主要驱动因素、可再生能源发展的研究方法与建模、我国可再生能源发展的目标和路径展开讨论和分析。本章的工作对可再生能源发展相关研究的贡献主要包含以下几个方面：第一，本章给出了对当前我国可再生能源发展状态和驱动力较为清晰的刻画；第二，本章从系统的角度促进了对可再生能源发展驱动力的进一步理解；第三，基于对已有的研究和我国可再生能源发展历史的综合回顾，本章梳理了今后亟须深入研究的可再生能源发展相关主题和具体问题。

4.2　可再生能源发展：什么力量在起作用？

可再生能源由于其可再生性得到广泛关注，并日益成为人类能源供应体系的重要组成部分。人类利用能源的历史是不断寻求可替代能源、丰富能源来源的历史，许多学者对可再生能源的未来持有积极的预期，杜祥琬（2014）认为可再生能源是未来地球的支柱能源。目前，全球可再生能源开发利用规模不断扩大，应用成本快速下降，发展可再生能源已成为许多国家推进能源转型的核心内容和应对气候变化的重要途径，也是我国推进能源生产和消费革命、推动能源转型的重要举措。

可再生能源发展有其自身的一般规律和特征。准确把握这些规律与特征，有利于我们更加稳健地推进能源体系转变和应对气候变化。相关研究主要集中于可再生能源发展的驱动因素识别方面，如图4.1所示。

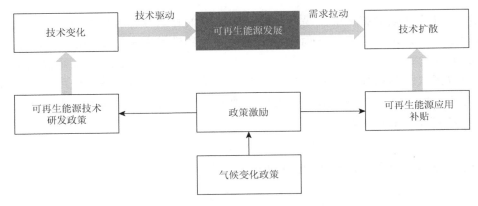

图 4.1　可再生能源发展的驱动力

4.2.1　可再生能源发展的政策驱动效应

毫无疑问，政策是可再生能源发展的重要驱动力量。近年来，许多文献总结了各国可再生能源政策及发展现状，并运用实证方法分析了政府政策对可再生能源发展的影响。Boie（2016）将激励政策划分为生产激励和投资激励两种类型，基于此分析了相关经济政策的作用效果。Maslin 和 Scott（2011）对未来全球可再生能源发展规模进行了多情景预测，他们认为气候政策对可再生能源发展规模的大小做出了约束。可再生能源发展规模也会受到技术变化趋势及其与传统能源系统的整合能力的影响。Chu 和 Majumdar（2012）通过一系列模型和实证研究表明，政策是推进可再生能源发展的关键因素；周亚虹等（2015）发现，政策对新能源发展至关重要，但是在可再生能源产业发展的不同阶段，政策的效果会有明显的差异。York（2012）则认为，可再生能源技术的发展和推广需要较为漫长的过程，各国政府需出台具有针对性的可再生能源技术激励政策。在我国可再生能源发展过程中，地方政府的偏好呈现多元化的特征，由此带来政策需求的多样性，碳减排政策也促进了中国可再生能源的发展（Yang et al.，2019）。

牢固掌握政策驱动下的可再生能源发展过程对今后政策的设计而言至关重要。识别现有政策对可再生能源发展的贡献比评估政策的绩效更加重要。Ding 等（2020b）深入分析了研发政策对全球光伏发电的驱动机理。根据这一研究，今后的研发政策需要更加关注光伏发电技术的改进、光伏电力消纳、系统集成技术等领域。降低政策的支持力度也对可再生能源的发展具有重要的影响。越来越多的研究正致力于通过政策支持的优化来降低这一影响。Zhang 等（2020b）针对政府去补贴的行为对可再生能源发展的影响问题展开了分析，具体研究了降低风电补贴下固定上网电价政策的优化问题。Zhou 等（2020）强调了在中国实施需求导向的政策和绿证交易的重要需求。可以对地方政府在可再生能源发展过程中的偏好进行分类，从而划分出不同类型的政策需求（Bergmann et al.，2008）。例如，需要用需求主导型的政策来满足清洁能源需求，需要用投资主导型的政策来驱动相关产业的发展，需要用资源主导型的政策来促进可再生能源资源的利用。因此中央政府如何根据各地的实际情况进行政策的制定显然是需要研究解决的重要问题。

4.2.2　可再生能源的技术推动效应

毋庸置疑，技术进步历来是推动能源变革的重要力量。能源领域的技术创新能够成为影响国家竞争力的一个关键问题。构建一个先进的集中于清洁能源供给的能源系统也是当前世界能源转型的主要趋势。与此同时，新型的能源系统也需要考虑对能源消费特征的改革（史丹和王蕾，2015）。

成本是技术获得大规模利用和市场成功的关键（Chu and Majumdar，2012）。已有研究主要集中在可再生能源技术成本的变化及其影响分析方面（Baker et al.，2015；Levi and Pollitt，2015）。Benson 和 Magee（2014）分析了光伏发电、风电等低碳能源技术的改善速率。York（2012）认为，包括可再生能源在内的一切能源都存在环境外部性成本，在发展新能源技术时必须进行综合、全面的评估，以免对环境造成更大的危害。da Silva（2010）通过模型分析研究认为，可再生能源技术的发展受到能源成本、部署路径等方面的制约。Pillai（2015）利用成本、销售量、企业资金投入等数据，分析了光伏发电技术成本降低的驱动因素。技术转移下隐含的知识的溢出也是可再生能源成本降低的重要因素。学者已经研究了机构研究和合作研究对气候变化技术的发展及其向发展中国家转移的作用（de Coninck and Puig，2015；Ockwell et al.，2015）。

4.2.3　可再生能源发展的技术扩散效应

由社会学习引起的新技术或新产品的信息传播称为技术扩散过程（Bass，1969；Mahajan et al.，1990）。一项新技术在市场中的消纳可以强化公众对其价值的认知，从而扩大其潜在需求（Geroski，2000；Rao and Kishore，2010；Alizamir et al.，2016）。在现实中，对可再生能源技术的应用会有不同的形式。可再生能源技术可以应用于不同的领域，例如，应用于不同类型的可再生能源发电项目中（Dobrotkova et al.，2018；Malhotra et al.，2012）。这些技术也能应用于建筑和农业领域。例如，分布式可再生能源项目。中国政府采取了光伏扶贫的技术利用方式

（Zhang et al.，2020a）。在可再生能源技术发展领域，Bollinger 和 Gillingham（2012）测算了同群效应（peer effect）对光伏发电技术扩散的促进作用。社会认可度对可再生能源技术的扩散具有重要的影响（Viklund，2004）。社会对可再生能源技术的接受程度一方面受技术的相关特征（经济效益、可靠性等）影响，另一方面也受商业环境、心理、社会和机构等因素的作用（Islam，2014；Kardooni et al.，2016）。Kardooni 等（2016）和 Boie（2016）分析了社会认知和社会认可度对可再生能源技术扩散的影响，强调了社会对可再生能源技术的认知和接纳、对技术创新的包容、对不同技术的公平态度等要素的重要意义。

根据技术发展状态、资源和社会环境等的差异，可再生能源技术扩散在不同的地区各不相同。Jacobsson 和 Lauber（2006）通过对德国风电和光伏发电技术扩散的研究，提出不同地区的扩散速度存在较大差异，导致技术扩散的区域差异。能源转型目前是驱动可再生能源发展的重要力量。在需求侧，能源转型和可再生能源的发展需要对现有电力市场进行重构。可再生能源技术正明显改变电力生产和需求的结构（Yu，2019）。

4.3　可再生能源技术变化及气候变化研究

目前，针对可再生能源技术发展与气候变化问题，国内外学者已经做了大量的理论和实证研究，在可再生能源技术变化研究方面，紧迫的环境与气候变化压力促使我们不断在技术变革方向上前进，在巴黎会议之后，低排放甚至负排放技术的重要性再次被相关学者提及（Anderson，2015）。现有研究主要集中在技术变化（technical change，TC）对气候变化（climate change，CC）的控制作用、可再生能源技术变化与气候变化建模分析两个部分。

4.3.1　技术变化与气候变化控制相关理论

技术变化在气候变化的控制中的作用一直是国内外学者研究的重要问题，也是气候变化政策建模问题中最复杂和最需要解决的问题之一。Yin 等（2015）以中国为例，分析了环境规制和技术变化对二氧化碳库兹涅茨曲线的影响，提出技术变化对低碳经济发展路线具有十分重要的作用。Noailly 和 Smeets（2015）基于企业层面专利数据，研究了从化石能源到低碳能源方向发展的技术变化特征，该研究聚焦于企业在促进技术变化过程中的异质性。Färe 等（2016）分析了技术变化与污染减排成本之间的关系。Luderer 等（2014）和 Kriegler 等（2014）从 EMF 27 个情景分析的结果出发，分析了可再生能源技术在缓解气候变化方面的作用。Yang 等（2015）分析了加利福尼亚州 80%温室气体减排目标的实现对于技术的需求情况；史丹和王蕾（2015）提出，能源领域的技术创新将成为提升国家竞争能力的核心问题，构建以清洁能源供应为主、转变能源消费模式的新型能源体系是世界能源转型发展的大趋势。此外，de Coninck 和 Puig（2015）分析了国际技术转移对气候变化的控制作用。而可再生能源技术的转移也被视为实现国际气候变化控制目标的核心。

对于可再生能源技术发展的负效应分析也是当前可再生能源技术与环境发展研究的热点问题之一，da Silva（2010）通过模型分析研究认为，可再生能源技术的发展受到能源成本、部署路径等方面的制约，短期内的发展很可能造成净消耗能量，而非净生产能量；York（2012）也提出一切能源都存在外部性环境成本，因而有必要对可再生能源技术进行综合全面的评估，避免对环境造成危害。

4.3.2　技术变化在气候变化建模中的表征

气候变化及可再生能源技术变化建模是重要的政策支撑工具，因此受到了国内外诸多学者的关注。包括斯坦福大学、麻省理工学院、芝加哥大学等多个知名学校在内的研究中心都相继构建了各自的气候变化模型，其中可再生能源技术变化过程也是整合气候变化模型的重要组成部分。

为了辅助气候变化控制和碳减排激励政策的制定，一些研究团体构建了能源规划模型，并预测了可再生能源技术未来的发展轨迹及其经济影响。为了帮助加利福尼亚州对气候变化问题进行控制，一些研究团队构建了具有针对性的模型，相关研究包括 Roland-Holst（2008）、Williams 等（2012）、Greenblatt 和 Saxena（2015）、Jacobson 等（2014）、Nelson 等（2014）、Morrison 等（2015）、Yang 等（2015）的研究，其中最著名的模型为斯坦福大学的 EMF，此外，还有风力-水-太阳能（wind-water-solar，WWS）模型等，Morrison 等（2015）针对加利福尼亚州气候变化控制目标的九种模型（加利福尼亚州空气资源委员会愿景规划模型、伯克利能源与资源模型、加利福尼亚州未来能源计划模型、加利福尼亚州能源系统综合规划模型、加利福尼亚州温室气体政策体系分析模型、加利福尼亚州长期能源替代规划系统、转型模型、路径模型、风力-水-太阳能模型）进行了比较分析，从而为政策制定者提供了更多的技术变化和碳减排路径的结果预期。

在模型构建过程中，可再生能源技术的变化对气候变化模型的情景设定具有极为重要的影响。Williams 等（2012）构建了实现可再生能源建设目标所需要的能源和经济模型，并根据加利福尼亚州的 80%碳减排目标探讨其所需要的基础设施和技术路径。由于当前的技术限制和高成本因素，在未来起主导作用的低碳能源技术存在不确定性。对于气候变化模型的多个情景分析，Kanudia 等（2014）

根据 EMF 27 个情景提出的技术假设，研究了包括技术相互独立性等关键技术假设对气候变化政策的影响。在此基础上分析了气候变化建模中的不同情景设定。Leibowicz（2015）描述了一个综合评估模型框架的构建和应用过程，并通过其分析生产者参与下的可再生能源技术古诺竞争市场。

4.4　可再生能源发展的研究方法及模型构建

可再生能源发展问题受到越来越多学者的关注。学者的关注点也已经从宏观的一般性政策讨论转向发展过程中的内生性问题。相应的研究方法和模型也获得了极大的创新。定性与定量分析的结合、确定性建模与不确定性仿真的整合也得到了广泛的应用。这些方法已经被用于研究可再生能源技术创新、技术扩散、相关利益主体的决策行为等，如表 4.1 所示。

表 4.1　可再生能源发展相关研究中的方法与模型

研究问题	方法与模型	文献
技术变化	外生模型 （希克斯中性生产力提升模型、自主能效提升参数等）	Böhringer（1998）；Jorgenson 和 Wilcoxen（1993）；Pizer（1999）；Nordhaus（1994）
	内生模型 （学习曲线、柯布-道格拉斯方程等）	Jakeman 等（2004）；Kouvaritakis 等（2000b）；Gillingham 等（2008）；Noailly 和 Smeets（2015）；Ding 等（2020a）
技术扩散	社会调查	Reddy 和 Painuly（2004）；Peter 等（2002）；Axsen 等（2015）；Murakami 等（2015）
	巴斯扩散模型	Radomes 和 Arabgo（2015）；Purohit 和 Kandpal（2005）；Rao 和 Kishore（2009）
	Logistic 模型	Collantes（2007）
	流行病传播模型	Lund（2006）
	罗杰斯扩散模型	Peter 等（2002）
主体行为及偏好	社会调研和实证分析	Masini 和 Menichetti（2012）；Langbroek 等（2016）；Bauner 和 Crago（2015）
	主体建模	Zhou 等（2011）；Bhagwat 等（2016）；Snape 等（2015）；Anatolitis 和 Welisch（2017）
	优化	Zhu 和 Fan（2011）；Boomsma 等（2012）；Zhang 等（2016）；Li 等（2020）；Ding 等（2020b）

资料来源：Grubb 等（2002）、Löschel（2002）、Gillingham 等（2008）、Rao 和 Kishore（2010）的文献，以及作者搜集的资料。

4.4.1　可再生能源技术变化过程

对可再生能源技术变化过程的认识在宏观能源-环境-经济建模中有着极为重要的作用。Kriegler 等（2014）和 Luderer 等（2014）从 EMF 的 27 个情景分析的结果出发，强调了低碳能源技术在气候稳定方面的作用。

可再生能源技术变化过程研究经历了最初的外生过程到当前的内生过程的变化（MacCracken et al.，1999；Nordhaus，1994；Gillingham et al.，2008）。外生技术变化理论认为技术的成本仅随着时间而改变。学者们通常利用外生技术变化模型支撑气候变化建模，在具体模型构建的过程中，可能会存在多个趋势来决定技术变化的整体水平和变化方向。

内生技术变化是学者拟合可再生能源技术变化过程的一种常见方式。在刻画可再生能源技术的内生变化过程中，通过引入特定的反馈机制描述政策等因素的影响。基于内生技术变化，部分学者首先分析了历史价格水平对当前生产可能性的影响过程（Newell et al.，1999；Jaffe et al.，2003）。Gillingham 等（2008）比较了外生与内生可再生能源技术变化建模，他们基于内生的技术变化对可再生能源技术发展进行建模并用于政策分析中。在内生技术变化模型构建的过程中，通常采用一个不可观测的"知识积累"变量来主导技术变化的水平和方向。这一知识积累可以包括历史价格、研发投资、经验学习等。

学习曲线或经验学习是应用较为广泛的可再生能源技术内生变化模型。然而这一方式尚未具备成熟的理论支撑，因此多停留于方法和工具的应用层面，而不具备足够的理论分析证据。Fisher-Vanden 等（2004，2006）选择研发投资作为经验积累的变量分析了其对未来能源使用和碳排放的作用；Popp（2001）、Noailly 和 Smeets（2015）则选取了专利作为可再生能源开发过程中的知识积累变量；Wing（2008）则引用直接价格引起的节能经验积累作为自变量进行分析。上述方法和模型的一个关键目标是识别驱动可再生能源发展的主要力量及其可能的影响。

学习曲线模型也面临着极大的挑战。在已有的研究中，经验学习在可再生能源技术变化过程中应用的案例包括直接在价格中积累的经验、研发活动中的经验和生产过程中的经验。许多外生变量都对可再生能源技术变化的结果有影响。首先是不同国家间的知识溢出效应。全球化导致国际技术交流愈加频繁，在全球气候变化领域尤甚。因此，知识溢出和技术转移对可再生能源技术变化过程的影响越发重要。de Coninck 和 Puig（2015）分析了国际技术转移对发展中国家技术创新的作用，并构建了发展中国家的技术创新系统方程。Ockwell 等（2015）强调了国际合作技术研发及其结果的复杂性，他们还构建了一个系统化模型来识别国际低碳技术转移对技术变化的影响。其次，原料价格的波动是影响可再生能源技术变化过程的另一个重要因素，它极大地影响着可再生能源技术成本的变化过程（Weiss et al.，2010）。成本的分解可以为今后可再生能源技术学习曲线建模过程提供帮助（Matteson and Williams，2015；Zhou et al.，2019）。

4.4.2　可再生能源技术扩散过程

可再生能源技术扩散过程可以细分为不同的阶段。利益相关者的状态、效益和可再生能源技术的认可度在不同的阶段具有一定的差异性。在现有的研究中，学者主要利用社会调查和系统建模的方法来分析可再生能源技术扩散相关问题。

社会调查方法经常用于研究主体对可再生能源技术的认可度研究中。主体行为、偏好和态度在可再生能源技术扩散过程中具有重要的作用，因而受到了学术界的广泛关注，尤其是对于主体认可度及行为的差异性分析。Axsen 等（2015）利用 1754 个加拿大新车购买者的意愿调查数据，分析了不同部门居民对插电式汽车和电动汽车的响应程度。Murakami 等（2015）构建了一套在线偏好调查的方法来测度消费者对不同能源技术的态度。消费者的支付意愿（willingness-to-pay）是影响可再生能源技术扩散的一个重要因素。Sundt 和 Rehdanz（2015）通过文献元分析的方法研究了消费者对绿色电力的支付意愿。Axsen 等（2015）比较了美国和日本的消费者对低碳能源和核能的支付意愿。他们还进一步分析了不同国家消费者认可度和行为之间的差异。实证分析的方法也被用于识别同群效应在可再生能源技术扩散过程中的作用（Bollinger and Gillingham，2012）。

系统建模被广泛用于模拟可再生能源技术扩散过程。现有研究通常基于巴斯扩散模型及其扩展理论展开。学者根据投资者对技术的知识、态度和反应将他们分为创新采用者、早期采用者、早期大多数、晚期大多数和落后者几个类别（Rao and Kishore，2010）。基于上述理论和定义框架，已有文献中的诸多学者分别提出了多种可再生能源技术扩散模型。Ding 等（2020a）基于投资者状态的变化将可再生能源技术扩散过程划分为三个阶段，从而构建了可再生能源技术扩散模型。Alizamir 等（2016）和 Ding 等（2020a）将技术扩散模型与学习曲线相整合来分析可再生能源政策支持的优化问题。

4.4.3　针对主体决策和行为分析的方法

可再生能源发展不同利益主体的复杂性对分析主体决策和行为的方法提出了要求。可再生能源发展包括技术研发、设备制造、设备应用、能源生产、能源服务和能源消耗各个环节，涉及政府、电力生产方、电网运营商、研发机构、消费者等多个利益相关主体，各利益相关主体之间存在合作与竞争，甚至存在冲突。实证分析、主体建模和优化模型均被用于研究主体的行为和偏好。

实证分析和社会调研的方法被用于识别影响消费者行为和偏好的因素。一些学者开始关注可再生能源发展的各主体的行为，进而分析其决策影响，从市场角度分析投资者和消费者的决策行为是研究的重点之一。Masini 和 Menichetti（2012）以欧洲投资者作为样本来探讨投资者对风险和政策的偏好，他们构建了一个实证模型来分析可再生能源发展中的问题。一些研究也实证分析了消费者针对绿色和低碳能源的意识和行为（Axsen et al.，2015；Murakami et al.，2015；Sundt and Rehdanz，2015）。Langbroek 等（2016）利用一个跨理论的变化模型和状态选择实验研究了不同政策激励对消费者决策制定的作用效果。对于低碳能源大规模利用面临的阻力及促进政策的研究，Bauner 和 Crago（2015）组合了社会调研和实证模型来分析政策激励对光伏发电技术采纳的作用效果。

主体建模是一种自下而上建模的方法，能够帮助分析不同主体的行为及其影响，常被用于能源系统管理（Zhou et al.，2011）和政策设计（Bhagwat et al.，2016）。Snape 等（2015）构建了一个基于主体的模型来分析英国消费者对低碳能源的反应，模型结果显示非经济阻力是影响低碳能源技术认可度的主要因素。对单个理性主体的行为建模能够辅助拍卖政策的制定（Anatolitis and Welisch，2017），这一方法也能够有效预测未来可再生能源技术和电动汽车的市场规模（Eppstein et al.，2011；Shafiei et al.，2012）。主体建模的方法已经在分布式能源系统的运营管理和优化控制领域取得了重要的进步（Li and Wen，2014；Ringler et al.，2016）。

优化模型目前在可再生能源政策设计和投资管理领域扮演重要的角色。针对可再生能源发展的不确定性，学者将实物期权的方法引入动态优化方法中来寻找可再生能源的最优投资策略（Fernandes et al.，2011；Zhu and Fan，2011；Boomsma et al.，2012；Zhang et al.，2016）。实物期权在评估政策的效率方面也具有较好的表现（Zhang et al.，2014）。随机优化和非线性优化模型也为可再生能源和碳捕捉相关政策设计提供了重要的参考（Li et al.，2020；Yao et al.，2020）。动态规划模型能够帮助明晰可再生能源系统供需双侧的互动耦合关系（Ding et al.，2020a）。

4.5　我国可再生能源发展的目标和路径

我国在可再生能源发展方面已经取得了显著的进步。我国多晶硅光伏电池组件的价格截至 2015 年已经降低到大约 0.52 美元/Wp，低于 2007 年价格的十分之一。与其他国家相比，这一价格低于日本价格（2015 年大约为 1.25 美元/Wp）的一半。到 2018 年，中国多晶硅光伏电池组件的价格降低到了 0.12～0.13 美元/Wp。不同光伏电池组件系统应用价格也达到 5～6 元/W（IEA-PVPS，2018）。图 4.2 展示了中国光伏电池和风力发电技术的应用规模情况。与累计装机规模的增长相比，中国可再生能源的应用在一定程度上较为有限。2019 年，中国弃风、弃光量分别达到了 1.69×10^{10} kW·h 和 4.6×10^{9} kW·h，风力发电和光伏发电机组的年平均利用小时数分别是 2082h 和 1169h。上述指标均远低于水力发电小时数（3726h）。

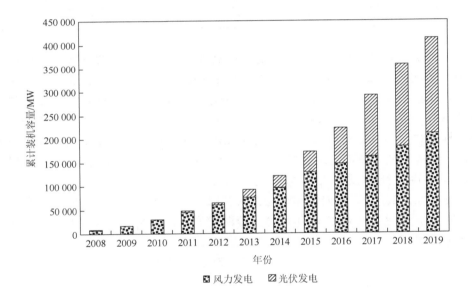

图 4.2　中国风力发电和光伏发电累计装机容量

资料来源：国家能源局的数据

　　中国可再生能源发展目标的制定伴随着诸多的不确定性。中国政府的不同规划中，可再生能源发展目标发生了数次变化。例如，2007 年，在《可再生能源中长期发展规划》中，我国最早的太阳能发电发展目标是到 2020 年实现装机 1.8GW，且主要为光伏发电。随后光伏发电发展目标在《可再生能源发展"十三五"规划》中被调整为到 2020 年达到 105GW。可再生能源实际的发展通常会远超或稍低于相关的规划目标。表 4.2 展示了一些可再生能源发展目标和相应的实际完成情况。例如，2015 年生物质能发展目标未能实现。光伏发电发展目标在不同阶段明显低于实际的发展水平，这也暗示了可再生能源发展规划可能有些保守。因此需要构建一套改进的可再生能源发展目标和未来路径的设计机制。

表 4.2　中国可再生能源发展目标和实际水平举例

目标和实际水平		风力发电/MW	光伏发电/MW	生物质发电/MW
"十五"规划	目标	1200	53	—
	实际水平	1260	70	—
"十一五"规划	目标	10000	300	5500
	实际水平	31000	800	5500
"十二五"规划	目标	100000	21000	13000
	实际水平	129000	43180	10300
"十三五"规划	目标（到2020年）	210000	105000	15000
	实际水平（到2019年）	210000	204000	22540

可再生能源发展目标的设计需要整合资源、环境约束和经济发展。陈荣等（2008）提出了以替代能源供给系统和环境影响模型（model for energy supply system alternatives and their general environmental impact，MESSAGE）耦合能源需求模型（model for analysis of energy demand，MAED）为基础的可再生能源综合规划方法，并且对激励政策的收益和成本进行仿真，从而制定出与当地资源条件、经济发展、环境治理目标相容的可再生能源发展规划和配套的政策措施。区域间可再生能源发展的不均衡也对我国可再生能源发展具有重要的影响（Wang et al.，2020）。林伯强和李江龙（2015）利用情景分析、案例研究和定量计算等方法分析了中国 2050 年可再生能源发展目标。他们对中国能源生产和消费转型的可行路径、可能的影响和蓝图展开了深入讨论。研究结果显示，以环境治理为目标引致的能源结构转变，可以对煤炭消费和二氧化碳排放起到显著的抑制作用。优化后的能源成本和稳定的经济增长也对制定可再生能源发展目标具有重要意义（石莹等，2015）。

在可再生能源发展路径方面，协同能源转型和经济发展的研究成为众多学者关注的问题。可再生能源已成为全球能源转型的核心，可再生能源的规模化利用已经逐步成为重塑能源体系、影响地缘政治、促进绿色经济的重要力量（赵勇强，2017）；Zeng 等（2020）提供了一个多种资源条件下的可再生能源发展优化模型。国外的能源转型为中国可再生能源发展路径的选择提供了重要的经验指导。根据美国和德国的能源结构转型经验，中国要根据资源禀赋特征选择能源结构转型路径，优化终端能源消费结构（金乐琴，2016）。日本从 20 世纪 70 年代以来，根据其本国的能源政策、政策导向及规章制度等，不断摸索、践行适合其能源发展的模式，其探索的路径对我国具有重要启发（李军等，2017）；马丽梅等（2018）通过跨国比较以及可计算的一般均衡（computable general equilibrium，CGE）模型研究中国的能源转型与经济发展，将中国能源转型的可行路径分成三个阶段，认为人均收入水平及一定的产业结构基础是能源转型的重要条件。白建华等（2015）考虑可再生能源发电的随机性、间歇性等特征，建立了适应高比例可再生能源发展需求的新型电力规划及生产模拟模型，对我国 2050 年可再生能源发展情景展开研究，同时给出了我国高比例可再生能源发展路径及相关政策建议。

4.6　本　章　小　结

针对可再生能源发展的相关问题，国内外已经开展了一系列的研究，并取得了许多成果，总体来看，现有研究呈现以下几种趋势。

一是针对可再生能源发展的驱动力量。可再生能源发展受到政治、经济、技术等多方面因素的影响，现有研究大多侧重于政策、技术、市场等角度，合适的政策是推动可再生能源可持续发展的重要驱动因素。无论技术创新还是扩散都离不开市场的力量，因此如何形成政策、技术、市场等的合力进而推动可再生能源的稳健发展是需要研究的重要课题。

二是可再生能源发展的情境性因素。各国的政治、经济与环境是可再生能源发展的情境性因素。现有研究不乏针对不同国家能源体系变革的比较、讨论，但大多比较宏观，对各国存在的情境性因素的讨论不够深入，如何嵌入资源状况、经济发展甚至制度差异性等情境性因素构建可再生能源发展的一般性框架与路径，显然这是一个具有挑战性的课题。

三是可再生能源发展中的主体行为。已有不少文献开始关注可再生能源发展中的不同主体之间的冲突与协同问题，但多数研究侧重于微观主体，注重单个个体的决策结果，较少考察可再生能源发展主体的多样性与复杂性，对主体的结构关系、主体之间的互动行为研究较少。

四是可再生能源发展偏好及其影响。迄今为止，这方面的研究非常有限，然而无论政府还是企业、个人，他们的偏好往往决定了可再生能源发展的方向，甚至一国政府偏好的变化会带来能源战略的重大调整，因此可再生能源发展问题不能不考虑"发展偏好"这一特殊的因素。

五是可再生能源发展的目标与路径。这方面的研究呈现出多样化的趋势，可再生能源发展目标的制定与一国能源资源供需状况、外部资源的可获得性、环境的约束性、产业发展前景、发展偏好等密切相关，而可再生能源发展的路径选择需要综合考量所确立的目标、技术支持、经济基础等因素。

以可再生能源发展为核心的能源低碳化转型已经吸引了全球的关注。可再生能源发展目标设计和路径选择具有高度复杂性且尚未得到足够的研究论证。本章促进了对可再生能源发展驱动力的深入理解，基于对已有文献的系统回顾，突出了今后可再生能源发展相关研究的具体需求。

第 5 章　成本降低与电力渗透：可再生能源研发政策效果及未来结构分析

5.1　引　　言

在过去的十余年里，可再生能源技术发展取得了令人瞩目的成就。2017 年，可再生能源占世界能源最终消耗量的 18.2%，其中风力发电和光伏发电等现代可再生能源技术占 10.3%（Frankfurt School-UNEP Centre/BNEF，2019）。可再生能源占交通部门能源总消费的 3.1%，在电力生产和消费中，光伏发电电力约占全球总电力消耗的 2.1%，占总电力生产的 1.9%（REN21，2018；IEA-PVPS，2019）。政府的政策激励是实现上述可再生能源发展的重要驱动力量。技术研发、项目投资补贴等激励措施极大地促进了可再生能源产业发展。2019 年，政府仅对光伏发电技术的研发计划投入就已经达到 21 亿美元（Frankfurt School-UNEP Centre/BNEF，2019）。在此过程中，政府的 R&D 支持政策扮演了重要的角色。

尽管可再生能源技术发展已经取得了上述巨大成就，然而可再生能源的发展仍面临着诸多潜在风险和挑战。根据 R&D 和做中学（learning-by-doing，LBD）的相互关系，可再生能源技术 R&D 政策的潜在风险主要为市场风险和技术风险（Sagar and van der Zwaan，2006；Huang et al.，2012）。前者主要指市场发展可能不会达到预期目标的风险，而后者主要指技术无法获得巨大的改进的风险。通过聚焦于成本的降低，可再生能源技术研发政策有助于降低市场风险并促进市场的发展。而考虑到技术风险，则需要构建一个综合考虑可再生能源消纳利用等指标的综合性政策目标。这一综合目标在当前一系列挑战之下也显得尤为重要。首先，许多研究（Anderson，2015；King and van den Bergh，2018；Shukla et al.，2018）提出需要加快光伏发电和风力发电等可再生能源技术的发展速度，然而政府的公共研发投资在许多案例中却显得相对较小且显得不够充分（Margolis and Kammen，1999；Huo and Zhang，2012；Grau et al.，2012）。其次，研发政策需要针对新的信息进行调整和适应（Aalbers et al.，2013）。未来能源系统发展（Stokes and Warshaw，2017）、系统集成技术的持续创新（Debbarma et al.，2017）和社会支持（Markard，2018；Mamat et al.，2019）等对相关政策提出了新的挑战。一些学者对可再生能源研发政策的合理性、动机和环境进行了更具针对性的讨论（Aalbers et al.，2013；Nordhaus，2011；Weyant，2011）。

针对这些风险和挑战，亟须解决的一个关键问题是政府是应当维持当前的研发政策投入结构还是及时做出一些调整（Zhi et al.，2014）。一些研究指出，可再生能源技术研发道阻且长，而政府的研发投入水平已经在世界范围内呈现日渐削弱的趋势（Nemet and Kammen，2007；Kurtz et al.，2016）。Zurita 等（2018）提出需要加大在改进光伏安装可靠性方面的研发投入。研中学（learning-by-researching，LBR）的定义为技术变化或由研发活动带来的知识积累所引发的成本降低效应，LBR 在现有研究中得到了广泛的应用。Zheng 和 Kammen（2014）识别出了光伏产业中存在的供给过剩的问题，并提出现有的政策需要向 LBR 方向转移。需要加深关于公共研发投资对可再生能源技术变化过程的影响的理解来唤起对相关问题的更多关注（Blanford，2009；Baker et al.，2009）。

为了满足这一需求，需要对现有可再生能源技术生产和研发政策在市场发展和技术进步方面的作用效果进行评估。已有研究主要包括可再生能源研发政策的有效性和需求识别、可再生能源研发政策与其他因素相互关系的预判、有效性测度指标和方法的选择等。

首先需要对现有可再生能源研发政策的有效性、目标和需求进行识别。鉴于其实施时间、目标以及结构的差异，可再生能源技术研发政策的实际效果可能具有较大的差异（Luque and Marti，2008）。可再生能源研发政策的设计目标对相关政策有效性的评估极有可能产生重大影响。在一个降低成本的政策目标下，现有的可再生能源研发政策已经取得了较好的效果。相反，如果考虑到可再生能源消纳的政策目标，现有政策的有效性则会相对较弱。例如，当前世界上多个国家均面临着"弃风""弃光"的问题。因此需要加大在可再生能源技术效率（Luque and Marti，2008）、储能技术（Zahedi，2011）和其他系统整合技术（Denholm and Hand，2011）方面的研发投入来促进高比例可再生能源应用目标的实现。

对可再生能源研发政策的评估应当基于对相关政策和其他因素关联性的预先理解（Fischer and Preonas，2010）。为了有效评估可再生能源研发政策的效果，Nemet 和 Baker（2009）比较和分析了补贴和研发政策对于低碳能源技术成本变化的影响。Pillai（2015）的研究结论指出 LBD 或者规模效应对于光伏发电技术的成本变化可能并不具有十分显著的影响。研发政策的作用相对而言也可能微乎其微（Grau et al.，2012）。Sagar 和 van der Zwaan（2006）将整个能源技术研发过程分为研发和扩散两个部分来讨论具体的风险和可能出现的问题。与此同时，补充投资、需求拉动、技术推动、政府激励等多种因素对电力结构调整的影响也受到了国内外诸多学者的关注（Kurtz et al.，2016；Nemet，2009a；Peters et al.，2012；Kim K and Kim Y，2015；Ragwitz and Miola，2005）。

政府研发政策投入水平的测度方法选择对可再生能源技术研发政策实施效果的评估具有重要的影响。现有研究主要选择专利数量（patent number）或者研发投入成本（R&D expenditure）作为衡量 LBR 效应的指标，从而追踪政府可再生能源技术研发政策的变化过程（Zheng and Kammen，2014；Klaassen et al.，2005；Papineau，2006；Jamasb，2007；Bointner，2014）。Bointner（2014）针对能源领域 R&D 投资和专利数量引起的知识积累展开了具体的讨论。Baker 等（2009）和 Blanford（2009）分析了研发投资和技术变化之间的关系，以寻求最优的研发投资分配。Zhang 等（2012）选择了综合能源效率指标来测度光伏发电技术的发展状态。可再生能源技术研发政策的测评方法也多种多样。自下而上和成本分解的方式都可以用于支撑可再生能源技术政策制定和实施效果分析（Kavlak et al.，2018；Isoard and Soria，2001）。在诸多分析方法中，学习曲线是目前可再生能源技术变化和研发政策研究中最常用的方法之一（Isoard and Soria，2001；Kouvaritakis et al.，2000a）。Nagy 等（2013）提出学习曲线可以提供最好的技术成本变化预测结果。

本章旨在分析当前可再生能源技术研发政策结构及其实际效果，从而对上述可再生能源技术创新过程中的诸多问题进行更加深入的探究。根据世界各个国家可再生能源技术的发展情况，中国、德国、美国和日本作为典型国家被选中进行具体的分析。上述国家在全球可再生能源生产和应用中占比较大，从而可以较为明显地反映世界可再生能源技术研发政策设计中的一些具体问题。在此基础上，本章以光伏发电技术的研发政策为例，构建了一个可再生能源技术研发政策实施效果的评估体系，分析了现有政策的实际效果及其在可再生能源技术变化过程中的角色。首先，应用单因素学习曲线（single-factor learning curve，SFLC）测度了政府研发投资对可再生能源技术变化过程的 LBR 整体效果；其次，选取了规模效应、技术进步等指标测度可再生能源技术在不同维度范围内的变化，从而细化研发政策的实施效果。

5.2　典型国家可再生能源技术研发政策框架

政策目标、结构和关键领域等可再生能源研发政策要素对政府可再生能源研发投资的实际效果具有决定性的影响。一般而言，技术研发政策可以通过两种方式促进可再生能源技术变化过程。第一种方式是通过降低可再生能源技术的生产成本、系统安装成本等促进其技术变化过程，基于这一方式的研发政策大多更关注可再生能源产品成本的降低，而对技术本身的改进关注度较低；第二种方式是通过改进可再生能源技术状态，包括提高技术的效率和可靠性等，来促进可再生能源技术变化过程。基于不同框架的可再生能源技术研发政策往往实施效果也各有差异。因此本章首先对中国、德国、美国和日本的可再生能源研发政策的要素进行分析，在此基础上对相关政策的实际效果进行深入探讨，从而对可再生能源技术研发政策的制定和实施开展更加翔实的研究。

5.2.1　中国可再生能源研发政策框架

中国政府已经为促进光伏、风电等可再生能源技术研发活动做出了巨大的努力。自 2005 年起，中国政府在可再生能源技术研发活动中的研发投资逐年增长。到 2015 年，中国政府可再生能源技术研发投资达到了欧盟水平。中国当前占世界可再生能源技术政府研发投资总量的绝大部分。自 2010 年起，中国政府可再生能源技术研发投资每年均能达到世界政府可再生能源技术研发投资总量的近三分之二。当前中国政府可再生能源技术研发投资主要来源于四个部门：科学技术部（简称科技部）、国家发展和改革委员会（简称国家发展改革委）、财政部和地方政府。

科技部的政府研发投资主要分布在三项计划之中（863 计划、973 计划和国家重点研发计划）。根据相关规定，科技部和国家发展改革委通过不同项目直接给生产企业和研发机构提供资助。财政部通过为研发机构提供免除一些进口设备进口税和国内设备增值税的方式实现可再生能源技术研发的投资。此外，地方政府也颁布了对有相关工作经验和高学历的人员提供奖励等一系列政策来促进可再生能源技术的研发活动。

中国政府相关政策的目标之一就是鼓励先进的可再生能源技术研发活动。因此，相继推行"光伏领跑者计划"等可再生能源技术研发计划，一方面可促进先进的可再生能源技术研发活动，另一方面旨在通过淘汰落后的技术和设备制造商的方式来解决产能过剩的问题（IEA-PVPS，2016a）。

5.2.2　德国可再生能源研发政策框架

2013 年之前，德国政府的可再生能源技术研发投资主要由德国联邦环境、自然保护和核安全部（Federal Ministry for the Environment，Nature Conservation，Nuclear Safety，BMU）[现更名为德国联邦环境、自然保护、核安全和消费者保护部（Federal Ministry for the Environment，Nature Conservation，Nuclear Safety and Consumer Protection，BMUV）]以及德国联邦教育及研究部（Federal Ministry of Education and Research，BMBF）负责。然后，联邦政府决定将所有能源相关

的活动集中到联邦经济事务和能源部（Federal Ministry for Economic Affairs and Energy，BMWi）。以德国政府 2010 年推出的"光伏创新联盟"计划为例，BMU 和 BMBF 在此后的四年内为新增的光伏发电技术提供了 1 亿欧元的资金支持。而这一计划也旨在降低光伏发电设备的制造成本，同时提高光伏发电技术的效率。

德国政府的可再生能源技术研发政策结构也正在经历一次重要的转变，转变后的政策结构将更加聚焦于可再生能源技术本身的改进而不是生产成本的降低上。2010 年，BMU 和 BMBF 开启了"光伏创新联盟"计划来支持光伏发电设备生产成本的降低。到 2013 年，一项新的联合计划被上述两个部门推出来推进可再生能源技术在下述几个领域的创新活动：光伏发电系统运行的经济性解决方案（包含并网系统和离网系统）、高效的并且具有成本有效性的生产理念、新的光伏电池组件（IEA-PVPS，2014a）。上述政策的变化显示出德国政府未来的可再生能源技术研发政策体系将更加注重对技术的改进。

5.2.3　美国可再生能源研发政策框架

美国可再生能源技术研发活动大多集中在高校、私人企业和国家实验室等，其研发活动的政府投资主要由美国能源部（Department of Energy，DOE）负责。其中美国政府将其研发投资中很大一部分都给了美国国家可再生能源实验室（National Renewable Energy Laboratory，NREL）。此外，美国政府可再生能源研发投资中，有很多被投入到光伏发电技术的研发计划中，例如，光伏计划。根据 DOE 下设的能源效率和可再生能源办公室的研究，其光伏计划将保持美国在光伏发电技术领域的全球领先地位。这些政府可再生能源研发投资旨在实现可再生能源发电系统的成本与传统能源成本相比具有竞争力的目标。以光伏发电项目为例，DOE 设定了 SunShot 目标（平价上网），此外，DOE 还提出了具体的将光伏发电成本降低到 0.06 美元/（kW·h）的目标。自 SunShot 计划实施以来，美国光伏发电技术 LCOE 以每年约 90% 的速度不断下降，而 DOE 的光伏发电计划目前更加聚焦于将光伏发电技术 LCOE 降低到 0.03 美元/（kW·h）（SunShot 目标）的可能性。

美国政府对可再生能源技术研发活动的投资分布在多个领域。光伏计划主要支持降低光伏发电设备生产成本和提高技术可靠性、耐久性、效率和综合绩效的项目。在这一计划框架下，DOE 通过资助机会公告（funding opportunity announcement，FOA）为上述项目提供资金支持。截至 2017 年，共有九个项目接受了该计划的支持，总的资助金额达到了 1.825 亿美元。NREL 下设的国家光伏中心（National Center for Photovoltaics，NCPV）则涵盖了下述几个研究领域：①光伏技术评估和特性；②光伏发电材料和设备的理化特性；③光伏发电材料合成和处理过程；④光伏发电材料设计；⑤光伏发电的可靠性；⑥技术经济性分析；⑦建模和理论分析；⑧光伏发电设备制造原型。

5.2.4 日本可再生能源研发政策框架

日本多个部门均承担了政府可再生能源研发投资的责任。例如，政府的新能源产业技术开发机构（The New Energy and Industrial Technology Development Organization，NEDO）主导了光伏发电技术研发活动中的政府投资计划，而日本科学技术振兴机构（Japan Science and Technology Agency，JST）则主导着基础的研发计划。日本文部科学省（Ministry of Education，Culture，Sports，Science and Technology，MEXT）通过提供政府研发投资来研发效率更高（转换效率达到30%或更高）的光伏发电电池组件（IEA-PVPS，2014b；IEA-PVPS，2015；IEA-PVPS，2016b）。

日本政府的可再生能源技术研发政策结构在 2014 年和 2015 年期间也经历了一次重要的转变。截至 2014 年底，NEDO 资助的绝大部分项目均已经终止。从 2015 年开始，新的技术研发整体上在一个"日本新能源产业技术开发机构光伏挑战目录（NEDO PV Challenges）"指导之下展开。NEDO 的方向从"推进光伏发电项目的扩散战略"转至"光伏发电扩散后的社会支持战略"。其他的项目包括"改进光伏发电系统表现和运营"（2014 年开始）、"旨在降低光伏发电成本的高性能和高可靠性的光伏电池组件发展"（2015～2019 财年）。MEXT 推出了"未来光伏创新计划"（2012～2016 财年），此外它也通过 JST 开展了另外两项基础研发项目。根据相关计划和项目的进度安排，MEXT 资助的大多数项目都已经在 2016 年完成。

5.3 可再生能源技术发展现状分析框架

5.3.1 LBR：可再生能源技术研发政策的总体效果

学习曲线中的 LBR 效率是一个可以测度研发投资的一般指标。而学习曲线方法中，SFLC 因其方法的简洁性和对技术成本的预测能力而被广泛应用于可再生能源技术变化问题研究中。自 Wright（1936）提出开始，传统的 SFLC 方法主要用于测度产品生产过程中经验积累引起的成本降低效应（Argote and Epple，1990）。根据 LBR 的定义，产品的生产成本由于研发知识的累积而逐渐降低。LBR 在可再生能源技术成本分析中已经得到广泛应用。双因素学习曲线（two-factors learning curve，TFLC）最早设计用于区分 LBD 和 LBR 两种因素对技术成本降低的作用，但是其在实际应用过程中面临的多重共线性等方法性问题对结果的准确性造成的影响逐渐被识别和重视。针对 TFLC 的多重共线性问题，Zheng 和 Kammen（2014）采用了一个两阶段回归方法来探寻光伏发电技术中的 LBR 效应，然而这一方法的实际应用范围也较为有限。对比 TFLC 的上述问题，SFLC 在实际问题的研究中应用效果更佳，且根据 Badiru（1992）的研究，TFLC 虽然考虑的因素更多，但在研究中应用的实际效果并不一定比 SFLC 更佳。Nordhaus（2014）指出，在可再生能源技术变化研究过程中，很难完全将 LBD 和 LBR 的作用效果区分开，这也对 TFLC 的实际应用造成了较大的影响。因此，本章采用 SFLC 方法来分析政府可再生能源研发投资的总体效果。

可再生能源技术的产品价格被选为影响因素来测度其成本的变化情况。一方面，当前可再生能源技术产品价格的决定性因素仍然是其生产成本；另一方面，在研究可再生能源技术变化的过程中，因数据的可得性，即可再生能源技术生产成本数据的统计和公布较少，技术的成本变化情况主要通过技术的价格来衡量。从理论上讲，政府通常会采用纷繁多样的研发政策来降低可再生能源的价格，提高可再生能源技术的应用效果（Chow et al.，2003）。结合 SFLC 在现有气候变化和可再生能源技术变化研究中的广泛应用，测度技术变化过程的指标包括：可再生能源发电技术的单位装机价格、光伏组件价格和风电机组价格、LCOE 等。而上述变量指标选取的主要依据为数据的可获得性，因此可再生能源技术产品的价格也成为现有研究中应用最为广泛的、用于测度技术变化过程的指标（Zheng and Kammen，2014；Duan et al.，2018）。

此外，在本章的研究中，企业/私人的可再生能源技术研发投资并未被引入相关方法分析中进行讨论。其原因有二：首先，企业/私人的研发投资更多情况下与企业或个人的偏好关联较大，若代入相关方法中会使研究结果产生一定的主观误差；其次，如果同时代入政府研发投资和企业/私人研发投资所产生的知识积累影响，将会导致明显的重复计算风险（Söderholm and Sundqvist，2007）。

运用 SFLC 测得的 LBR 指标能够反映研发投资的整体效果，这一测算结果并未考虑区分规模效应和技术改进等不同影响因素的作用。图 5.1 展示了 LBR 的泛化定义及其对可再生能源技术成本变化作用的机理。

本书提出了一套可再生能源技术研发政策工作机理的识别机制。研发投资可以通过生产推动和技术推动两种形式来促进可再生能源技术的生产和研发活动。由图 5.1 可知，一般化的 LBR 效率可以用于测度政府研发投资对于可再生能源技术成本变化的作用效果。而政府研发投资通常可以通过两种方式作用于可再生能源技术变化过程，它们分别是规模递增效应和技术进步。规模递增效应通常反映可再生能源技术的成本因为生产和应用的规模不断增大而逐渐降低的过程。这一

图 5.1　LBR 的泛化定义及其对可再生能源技术成本变化作用的机理

过程往往伴随着可再生能源技术生产和应用规模的快速扩张。技术进步反映了可再生能源技术成本因为技术的不断改进而降低的过程。这一过程通常伴随着可再生能源技术转化效率的不断提高和可再生能源利用比例的升高。

　　与累计生产量和专利数量相比，累计研发投资被视为一个更加直接的政策影响变量而代入学习曲线模型中开展研究。专利数量不仅受政府研发投资影响，还受到企业研发投资、企业偏好等多重因素的影响，因此，政府研发投资是测度政策影响的较为直接的指标。利用政府研发投资来测度研发活动的影响，学习曲线模型能够帮助分析研发政策的实际效用。因此，为了比较政府研发投资对可再生能源技术成本的整体作用效果，本书构建了一个如式（5.1）所示的单因素学习曲线模型：

$$P_n = k \cdot \mathrm{KS}_n^{\beta} \tag{5.1}$$

式中，P_n 为表征可再生能源技术在第 n 年价格的指标；k 为常数；KS_n 为测度第 n 年可再生能源技术累计知识储备的指标；β 为累计知识储备的影响系数。其中累计知识储备可以通过式（5.2）计算得到：

$$\mathrm{KS}_n = (1-b)\mathrm{KS}_{n-1} + \mathrm{RD}_{n-\tau} \tag{5.2}$$

式中，b 为知识折损因子，其旨在反映随着相关技术的知识因不断过时、遗忘等引起的知识储备随着时间的流逝而不断衰减的过程；RD_n 为第 n 年的政府研发投资；τ 为政府研发投资的时间延迟效应测度因子，τ 值为正时表明某一年内的可再生能源政策的研发投资无法直接对当年的可再生能源技术知识储备造成影响，而是需要通过一定的时间才能实现对知识储备的作用和影响。根据经验学习模型条件，经验积累的初始值选择对学习效率的测度结果没有影响。针对研发投资带来的知识积累量，本书设定各个国家累计研发投资的初始值相等，且均为 0。可再生能源技术 LBR 效应分析过程中，知识的折损对研究结果具有十分重要的影响。Nordhaus（2010）研究发现，能源技术变化分析中知识的折损率为 1%～10%。IEPE（2001）在测度多种能源技术研发知识储备问题时，对知识的折损率取值为 3%。Klaassen 等（2005）选取了 5%作为知识的折损率来分析不同国家风力发电的研发投资对技术创新的影响。此外，对于可再生能源技术研发投资的时间延迟效应，学者通常将可再生能源技术研发投资的作用时间窗口期定义为 2～3 年（Klaassen et al.，2005；Watanabe，1999）。

5.3.2　可再生能源技术供应市场规模

为了测度可再生能源技术供应侧的变化情况，本节定义了可再生能源技术供应市场规模（renewable energy technology supply share，RETSS）这一指标进行分析，RETSS 是测度一个国家在全球可再生能源技术生产供应市场中占比的指标。根据上述定义，RETSS 可以通过本国可再生能源技术供应量（生产量）占全球可再生能源技术供应量（生产量）的比例测算得到，如式（5.3）所示。RETSS 反映了一个国家在全球可再生能源供应市场中所扮演的角色。

$$\text{RETSS}_{i,t} = \frac{Q_{p,i,t}}{Q_{p,t}} \tag{5.3}$$

式中，$Q_{p,i,t}$ 为国家 i 在第 t 年时的可再生能源技术产品总生产量（单位：GW）；$Q_{p,t}$ 为第 t 年内全球可再生能源技术产品总生产量（单位：GW）。

5.3.3　可再生能源技术应用市场规模

为了测度可再生能源技术需求侧的应用市场变化情况，本节定义了可再生能源技术应用市场规模（renewable energy technology installation share，RETIS）指标。RETIS 是测度一个国家可再生能源技术应用总量占全球可再生能源技术应用总量的比例，其测算过程如式（5.4）所示。这一指标对于分析国家可再生能源技术应用市场的发展状态具有重要作用。

$$\text{RETIS}_{i,t} = \frac{Q_{I,i,t}}{Q_{I,t}} \tag{5.4}$$

式中，$Q_{I,i,t}$ 为国家 i 在第 t 年中新增的可再生能源技术应用规模（单位：GW）；$Q_{I,t}$ 为第 t 年内全球可再生能源技术产品新增装机容量（单位：GW）。

5.3.4　可再生能源技术应用系统综合绩效

为了测度可再生能源技术应用系统的综合表现，本节构建了可再生能源技术系统综合绩效（renewable energy technology system performance，RETSP）指标，RETSP 指标测度了可再生能源技术应用所引起的可再生能源实际应用量变化情况。RETSP 主要通过可再生能源消耗量（发电量）除以可再生能源技术总应用规模得到，见式（5.5）。引入 RETSP 可以帮助分析可再生能源技术的实际应用效果，将弃风、弃光等问题引入可再生能源技术研发现状分析中，从而为当前各个国家可再生能源技术实际应用效果和政府研发投资的绩效表现测度提供更加深入的研究视角。

$$\text{RETSP}_{i,t} = \frac{E_{i,t}}{Q_{I,i,t}} \qquad (5.5)$$

式中，$E_{i,t}$ 为国家 i 在第 t 年内可再生能源技术并网发电量总量。

5.4　可再生能源技术发展现状

5.4.1　由政府研发投资引起的技术成本变化总体情况

　　针对可再生能源技术变化趋势的总体评估，本章首先对光伏组件和风电机组在全球及各个典型国家的价格变化情况进行分析。其中全球光伏电池组件价格从 Statista （网址：https://www.statista.com/statistics/268045/prices-of-photovoltaic-modules-worldwide-since-2005）和国际能源署（网址：https://www.iea.org/data-and-statistics/charts/evolution-of-solar-pv-module-cost-by-data-source-1970-2020）两个网站中获得。前者提供了 2005～2010 年光伏电池组件的价格数据，后者则涵盖了 2010～2020 年全球光伏电池组件的价格数据。中国和日本的光伏电池组件价格数据均从其政府为国际能源署光伏发电系统计划（International Energy Agency Photovoltaic Power Systems Programme，IEA-PVPS）提供的报告中获得，这些报告由各个国家每年对本国的实际调研数据组成。其中，中国的光伏电池组件价格涵盖了 2007～2015 年的数据，而日本的报告则涵盖了 2005～2015 年的数据。美国光伏电池组件的价格通过美国能源信息署网站整理得到。德国的光伏电池组件则是通过 IEA-PVPS 政府报告和 Solarserver（网址：https://www.solarserver.de/photovoltaik-preis-pv-modul-preisindex/）网站获得，这一网站提供了欧洲市场光伏电池组件的现货价格。上述价格数据单位均被统一成美元/Wp（此处的美元为折算到 2015 年的价格），光伏电池组件价格变化情况如图 5.2 所示。

　　根据图 5.2 中光伏电池组件价格变化情况，所选的几个国家中光伏发电技术的市场竞争力经历过重要的转移。美国在 2005 年、2007 年和 2008 年光伏电池组件享有当时最低的市场价格，而在这一时期，美国和日本的光伏组件价格均低于

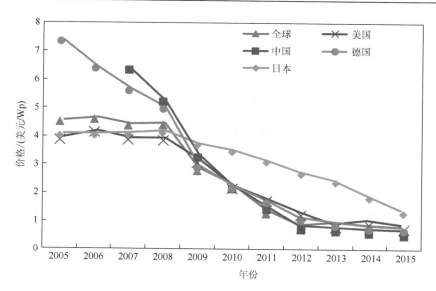

图 5.2　不同市场上的光伏电池组件价格

全球平均价格。2009～2010 年，德国和中国的光伏电池组件价格竞争力追上美国，从而在很大程度上决定了全球光伏电池组件的平均价格水平。与此同时，日本的光伏电池产业自 2009 年开始在组件价格上已经失去了原有的竞争优势，而日本目前也是上述几个市场中光伏电池组件价格最高的国家。2011 年之后，美国每年的光伏电池组件均逐渐高于世界平均水平或者与之持平，而德国和中国的光伏电池组件价格均低于世界平均水平。而光伏电池组件的价格通常由其国内市场的组件生产成本所决定，这也进一步解释了图 5.2 中所示的日本在光伏电池组件价格上与其他几个市场之间的巨大差距。因此，上述分析表明，中国和德国的光伏发电产业在全球光伏发电技术市场中占主导地位。

　　其次，本章对全球政府光伏发电研发总投资以及所选国家的政府研发投资数据进行分析。全球政府研发投资和中国的研发投资数据均从《全球可再生能源投资趋势》（"Global trends in renewable energy investment"）报告中整理得到，其中 2011 年之前中国政府研发投资数据未公布，因此在本章中没有进行分析。美国、德国和日本的政府研发投资数据均从国际能源署网站的数据库（http://wds.iea.org/WDS/Common/Login/login.aspx）中收集获得，原始数据均在该数据库的 Detailed Country RD&D Budgets 子库中的 Total RD&D in Million USD（2015 prices and exch. rates）条目内，从该条目中选择 312 Photovoltaics 数据流，则所有 2005～2015 年的数据均可获得。上述政府光伏发电技术研发投资数据如表 5.1 所示。

表 5.1　不同政府年度光伏研发投资情况　　　（单位：万美元）

年份	全球	美国	中国	德国	日本
2005				6 116	13 964
2006				5 622	16 180
2007				4 858	348
2008	290 000			7 222	93
2009	300 000	40 416		6 353	4 424
2010	360 000	23 630		6 888	8 924
2011	400 000	27 328	86 700	7 681	12 034
2012	490 000	7 956	92 700	8 552	14 647
2013	470 000	15 600	99 500	7 267	12 375
2014	610 000	5 704	110 000	6 550	11 834
2015	450 000	3 530	120 000	8 383	6 765

　　基于 5.3 节中的评估体系，政府可再生能源技术研发政策实施的整体效果通过学习曲线的 LBR 效率指标测算得到。这一指标主要通过 5.3 节中所提到的可再生能源技术研发政策的工作机理进行测度。基于此，本章通过构建 SFLC 模型来分析当前各个政府研发政策的整体效果。表 5.2 展示了不同国家通过 SFLC 分析得到的由政府公共研发投资引起的光伏发电技术 LBR 效率数据。

表 5.2　不同政府学习曲线测得的 LBR 效率

LBR 效率	全球	中国	德国	美国	日本
LBR 效率（未考虑时间延迟）	48.5%*** R^2=0.9549	35.2%* R^2=0.9126	59.9%*** R^2=0.8525	69.1%* R^2=0.7366	47.1%*** R^2=0.7256
LBR 效率（两年时间延迟）	35.9%** R^2=0.8994	—	58.1%*** R^2=0.9398	52.9%** R^2=0.9723	43%** R^2=0.7785

注：由于中国政府光伏发电研发投资数据的可获得性有限，其学习曲线模型中未对两年时间延迟效应进行测算。
***$p<0.001$，**$p<0.01$，*$p<0.05$。

　　如图 5.3 所示，SFLC 可以有效追踪光伏电池组件价格随着各地区累计政府研发投资增长而发生的变化情况，从而构建了光伏电池组件成本降低与 LBR 过程之间的关联。而相关结果中没有考虑时间延迟效应的实证结果的 R^2 值均大于 0.725，并且所有参数的 p 值均小于 0.05，部分 p 值甚至低于 0.001。而考虑到研发投资的时间延迟效应，所有实证结果的 R^2 值大于 0.77，上述研究结果的变化一方面是由于回归年限的缩短，另一方面也是由于考虑时间延迟效应之后实证结果的可靠性有了一定程度的提高。

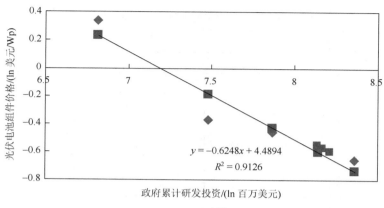

(a) 中国

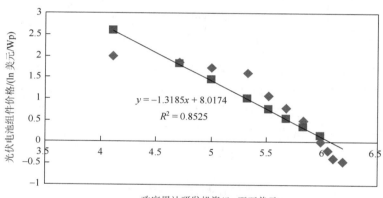

(b) 德国

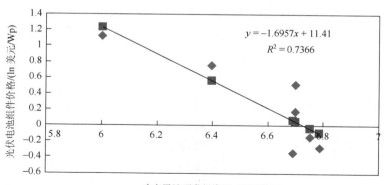

(c) 美国

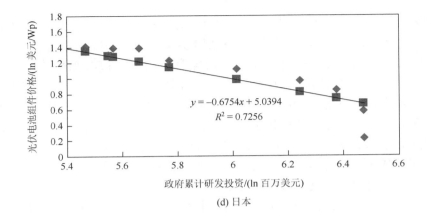

(d) 日本

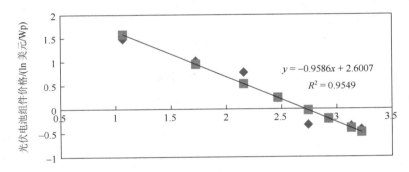

政府累计研发投资/(ln 百万美元)

(e) 全球

图 5.3　不同政府研发投资的 SFLC

图中方块为拟合值，菱形块为实际值

　　图 5.3 和政府可再生能源技术研发投资与价格变化的 SFLC 研究结果所示，LBR 效应是光伏发电技术成本变化的核心驱动因素。具体而言，在 2009 年之前，除中国外的其他三个国家光伏电池组件的成本均低于中国，尽管当时中国已经形成了世界最大的光伏电池组件生产规模，但上述三个国家对光伏发电技术研发活动相关的政府投资量均大于中国的投资量，上述结果表明该阶段光伏发电技术成本降低的主要驱动因素为政府研发投资引起的 LBR 效应。此后，从 2010 年开始，中国不断增加对光伏发电技术的政府研发投资，之后其光伏电池组件的成本也逐渐达到世界最低水平。

　　根据上述分析，政府研发政策是其 LBR 效率的决定因素。举例而言，与其他三个国家相比，中国的 LBR 效率最低。考虑 5.2.1 节中对中国政府研发政策的要素分析，中国政府对可再生能源技术公共研发投资主要分布于生产过程中。这在一定程度上暗示了中国政府围绕生产过程制定的光伏发电技术研发政策对降低光伏电池组件成本的实际效率较低。比较而言，德国和美国的光伏发电技术研发政策对技术的改进关注度更高，这也在一定程度上为其较高的 LBR 效率做出了贡献。

知识溢出（knowledge spillover）也是上述国家中不同 LBR 效率差异的重要影响因素之一。表 5.3 展示了中国对另外三个国家光伏电池组件的出口份额变化情况，表中数值为中国光伏电池组件出口到该国的数额与总出口量的比值。由表 5.3 可知，与日本相比，德国和美国的 LBR 效率均较高，这在一定程度上可以归因于它们从中国进口光伏电池组件所引起的技术和知识的外溢效应。德国在 2013 年之前曾经是中国光伏电池组件的主要进口国家，但是其进口份额也因为国内需求的削弱而降低了许多。相反，2013 年之前，日本占中国光伏电池组件的出口份额较低，此后有了较大增长。而中国光伏电池组件的出口份额中，美国占比较为稳定，美国光伏发电技术的成本变化学习曲线与中国的技术变化曲线较为类似。上述结果显示，中国的可再生能源技术学习过程对德国和美国的可再生能源技术变化具有一定的影响，这一过程即为知识溢出效应。

表 5.3　中国光伏电池组件对其他国家的出口比例分布

国家	2010 年	2011 年	2012 年	2013 年	2014 年
德国	32.3%	16.32%	13.7%	4.1%	<5%
美国	<5%	15.56%	11.3%	13.6%	15.04%
日本	<5%	2.88%	6.5%	24.6%	33.86%

资料来源：http://www.china-nengyuan.com/news/95163.html。

5.4.2　可再生能源技术生产和市场变化

在上述政府研发政策对可再生能源技术一般效应的综合效应分析基础之上，本书进一步对研发政策实施效果的具体作用途径进行分析。

国际光伏生产和应用市场份额变化情况在一定程度上反映了政府研发政策通过规模效应对光伏发电技术成本变化的影响效果。此外，本书对比分析了各国光伏发电技术生产和市场变化趋势来分析各国政府研发政策的作用效果。上述研究主要通过对所选典型国家光伏电池生产和安装的国际市场比例及其年度政府光伏发电技术研发投资变化的趋势分析展开。因此，本书选用了 5.3.2 节和 5.3.3 节中 RETSS 和 RETIS 两个指标来比较和测度几个国家可再生能源技术产品生产和应用市场的规模变化情况。

在 21 世纪初至 2015 年这十余年里，光伏和风电技术的生产和应用规模都经历了大规模的扩大。如图 5.4 所示，各个国家的年度光伏技术生产量、应用规模以及光伏发电技术的累计应用规模均呈指数级增长。在一定程度上表明了政府研发投资对光伏发电技术的市场规模扩大做出了巨大的贡献。

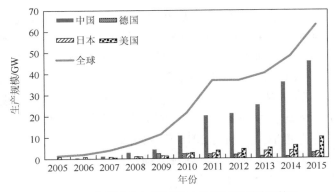

(a) 不同国家及全球光伏发电技术生产规模变化情况

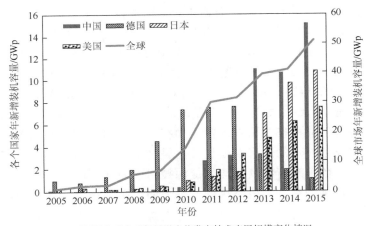

(b) 不同国家及全球年新增光伏发电技术应用规模变化情况

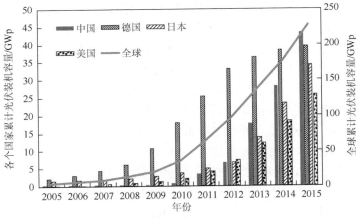

(c) 不同国家及全球累计光伏发电技术应用规模变化趋势

图 5.4　不同国家及全球光伏发电技术生产和应用市场规模

由图 5.4 可知，中国目前在全球光伏电池组件生产和供应市场均占据着主导地位。在光伏电池组件供应侧，中国自 2008 年开始一直供应着光伏电池组件生产的最大部分。第二大光伏电池组件供应商为美国。在需求侧，根据年度光伏发电技术应用规模，德国 2012 年之前为世界上最大的需求市场，然而，从 2013 年开始，受欧美"双反"的影响，中国开始大力扩大国内光伏应用市场建设并且已经逐渐主导了全球光伏发电技术应用市场。而根据累计光伏发电技术应用规模的变化情况，中国的光伏发电应用规模自 2015 年开始超过德国，并且从 2014 年开始就已经占据全球累计光伏发电应用市场的主导地位。

1）光伏发电技术生产规模变化

光伏发电技术生产规模往往极大地受到政府研发投资的影响。在中国和美国，光伏电池生产规模随着两国累计政府公共研发投资的增长而扩大。自 2012 年开始，日本光伏发电技术市场需求主要通过从中国的光伏电池组件进口实现，其本国的光伏电池组件生产规模并未有较大的变化。德国拥有当前全球最为成熟的光伏发电应用市场。德国的光伏发电市场在 2010 年之前每年均有较大的增长，在 2010～2012 年则一直维持在较为稳定的水平，在此之后则整体上呈现下降的趋势。上述分析结果均与各个国家的政府研发政策结构和要素一致。例如，中国政府将可再生能源技术研发政策集中在降低可再生能源技术的生产成本方面，因而光伏发电技术的生产规模也一直呈现上升的趋势，其生产成本也不断下降。相反地，德国政府将其可再生能源技术研发政策的焦点从降低光伏电池组件生产成本转移到对技术效率等的改进方面，因而德国光伏电池组件的产量呈现下降的状态。总而言之，政府可再生能源技术研发投资对光伏电池组件的产量变化具有极为重要的作用。

如图 5.5 所示，所选的四个典型国家光伏电池组件的产量均有极大的提高，而上述四个国家也已经长时间主导了全球光伏电池组件生产和供应市场。具体而言，所选国家总的光伏电池产量之和占全球生产和供应市场的份额在 2009～2015 年间从约 80%提升至超过 95%。此外，图 5.4（a）显示 2009 年全球光伏电池组件生产份额由欧洲转移到了亚洲。中国目前已经成为全球光伏电池组件生产的领跑国家，占据了全球光伏电池组件总产量的近 70%。这主要是由于中国具有较低的光伏电池组件的生产成本，揭示了当前光伏电池组件生产市场仍主要为成本主导。

2）光伏发电技术应用市场份额

在 21 世纪初至 2015 年这十余年里，世界光伏发电技术应用规模也有了极为显著的提升。年度光伏发电装机容量和累计光伏发电装机容量均呈现指数级增长。全球光伏发电装机容量已经从 2005 年的 3.7GW 增长到 2015 年的近 228GW。而上述应用规模增长的主要驱动因素在这一阶段也发生了重要的变化。全球可再生能源技术市场建设呈现如下所述的两种趋势。

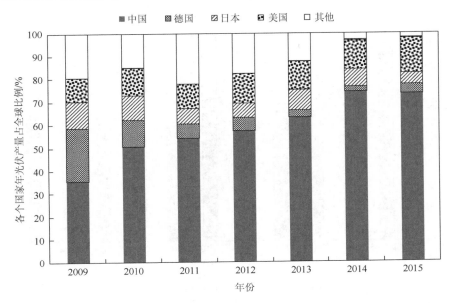

图 5.5　不同国家年度可再生能源技术产量占全球市场的比例（RETSS）

首先，RETIS 这一指标反映了全球光伏发电技术应用市场的结构变化情况。如图 5.6 所示，日本和德国光伏发电累计装机容量的市场份额整体上均有所下降，同时中国和其他国家整体上均有十分显著的提高。然而，日本和德国仍然在世界光伏发电技术累计应用市场上占主导地位，2005～2010 年间占据了全球光伏发电累计装机市场超过 60% 的份额。然而，这两个国家应用可再生能源技术的动机有所不同。具体而言，德国的可再生能源技术应用市场较大的份额主要由于其对气候变化和可再生能源问题的社会关注度较高，而日本光伏发电技术应用的高全球市场份额主要由其能源短缺问题所引起。

此外，日本光伏发电技术应用市场的发展还与其国内光伏电池组件生产规模的扩大和中国与欧美之间的"双反"和贸易纠纷有关。欧美对中国光伏发电产品的"双反"措施对中国光伏发电行业产生了重要的影响。在这一贸易壁垒的作用下，自 2012 年开始，中国政府一方面扩大了国内光伏应用市场的发展，另一方面也加大了向日本和其他国家的光伏产品出口。

其次，结合光伏电池组件的生产和应用市场规模的发展，这两个市场之间的差距变化具有重要的价值，见图 5.7。现有的光伏发电技术研发政策在提高光伏电池产量方面取得了较大的成功，但其对于促进光伏发电技术市场应用的收效较弱。光伏电池组件产量和实际应用规模之间的差距逐年拓宽。各个国家的国内光伏电池组件产量和应用规模之差同时也能在一定意义上反映其相关技术和产品的进出口情况。光伏发电技术生产成本较低的国家能够获得更多的组件出

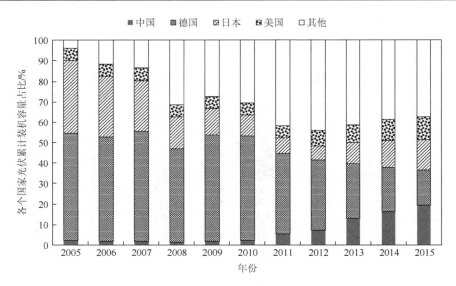

图 5.6　不同国家光伏发电累计装机容量市场份额变化（RETIS）

口量，从而意味着政府在一定程度上更加关注光伏发电技术的生产成本和价格而不是技术本身的改进。

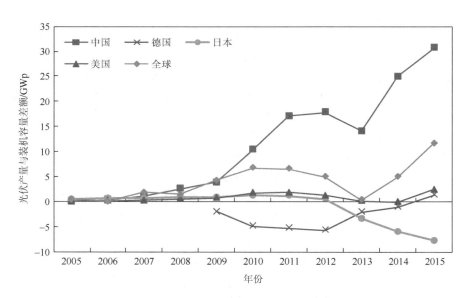

图 5.7　光伏电池生产和应用差值变化趋势

由图 5.7 可知，光伏电池组件的产量和应用量之间的差值也突出了当前市场上存在的产能过剩问题。这也表明当前的可再生能源技术应用建设在一定程度上落后于生产市场的建设。同时也说明当前聚焦于可再生能源技术供应侧研发的政策结构需要做出调整，亟须加强对于可再生能源技术应用侧的系统的研发投资，从而促进可再生能源技术的实际应用发展。

3）可再生能源电力生产

电力是当前可再生能源技术应用的重要形式。因此本章通过可再生能源电力生产的分析进一步研究可再生能源供应和需求市场的建设情况。

年度光伏并网发电量对于研究不同市场的可再生能源电力应用具有极大的帮助。本书根据 IEA-PVPS 和国际能源署的世界关键能源数据统计（2010～2013 年）报告整理了德国和日本的光伏并网发电数据。美国的光伏并网发电数据则根据美国能源信息署网站（https://www.eia.gov/electricity/monthly/epm_table_grapher.cfm?t= epmt_1_01_a）信息获得。中国的年度光伏发电数据可以从国家能源局的年度报告中获得。其中，中国和日本的数据分别从 2011 年和 2010 年开始公布。上述年度光伏发电技术并网发电量如图 5.8 所示。

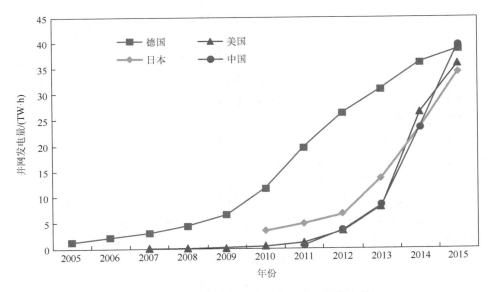

图 5.8　典型国家光伏发电技术年度并网发电量

由图 5.8 可知，国际光伏发电市场也经历了一个重要的转变。2015 年之前，德国在几个典型国家中光伏并网发电量最大，日本在年度光伏发电量中处于第二的位置，直到在 2014 年被美国赶超。中国在 2012 年之后光伏电池组件的应用市场有了极大的发展，从而其年度光伏发电量也经历了惊人的发展过程，这也直接帮助中国 2015 年在年度光伏发电总量这一指标上赶超了德国。

5.4.3　可再生能源技术效率和实际应用变化

1）光伏发电技术能源转化效率改进

由图 5.1 可知，可再生能源技术研发政策促进可再生能源技术变化过程的另一种途径是通过改进技术的能源转化效率。本章中，通过光伏发电技术能源转化效率来测度光伏发电技术的进步过程。因此，本章进一步追踪了不同国家光伏发电技术的转化效率变化过程，从而对政府研发政策对于促进光伏发电技术进步方面的作用效果进行了进一步分析，并且对不同政府研发投资对技术进步的影响程度进行比较。

本章选取了行业层面光伏发电技术转化效率作为测度技术进步的指标。鉴于企业层面的光伏发电技术效率数据有可能被企业技术创新偏好所影响，因而选用行业层面的技术转化效率能够更加准确地反映各个国家技术创新效率变化的一般过程，同时行业层面的光伏发电技术效率更加直接地受到政府研发政策的影响，因而行业层面的光伏发电技术转化效率变化能够反映政府研发政策的实际效果。本章分别整理了单晶硅电池组件、多晶硅电池组件和薄膜电池组件的技术转化效率数据。其中全球范围内的光伏发电技术转化效率变化数据可从 IEA-PVPS 的《光伏发电应用趋势调查报告（2005～2016）》中获得。不同类型的光伏发电技术转化效率如图 5.9 所示。

全球光伏发电技术转化效率的发展（图 5.9）具有较为明显的阶段性特征。即光伏发电技术的转化效率在一段时间内发生了明显的提升，此后一段时间内一直维持在一个较为稳定的水平。例如，转化效率发展最快的为薄膜电池组件：全球薄膜电池组件的最高转化效率从 2007 年的 13%提升到 2015 年的 16.8%，它的最低转化效率也从 6%提高至 7%，在 2007～2012 年，薄膜电池组件的转化效率并未有明显的提高。单晶硅电池组件的转化效率提升经历了三个阶段：2005～2009年，单晶硅电池组件的转化效率一直保持在 15%～18%；2010～2011 年，单晶硅电池组件的转化效率则保持在 15%～20%；2012～2015 年，单晶硅电池组件的转化效率一直在 16%～25%。多晶硅电池组件的转化效率提升经历了三个阶段：2005～2011 年，多晶硅电池组件转化效率一直保持在 14%～15%；2012 年，多晶硅电池组件转化效率提升至 14%～17%；2013～2015 年，多晶硅电池组件转化效率保持在 14%～18%。上述分析表明，光伏发电技术进步通常可分三个阶段完成。

与可再生能源技术成本降低方面取得的巨大成就相比，光伏发电技术转化效率提升方面进步较为有限。在世界范围内，所选的三个光伏电池技术的最低转化效率一直维持在同一水平或仅仅提高了 1%，其最高转化效率则具有较为明显的提升，这也表明不同国家或地区、行业内不同产品或技术之间的转化效率差距逐渐扩大，从而在一定程度上提高了可再生能源技术的区域和主体差异性。

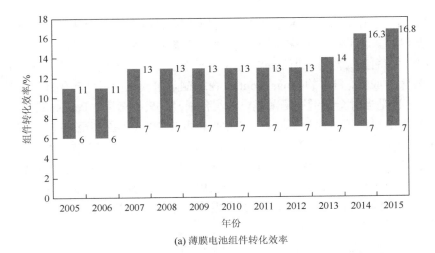

(a) 薄膜电池组件转化效率

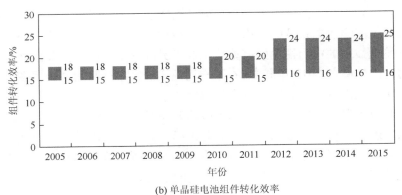

(b) 单晶硅电池组件转化效率

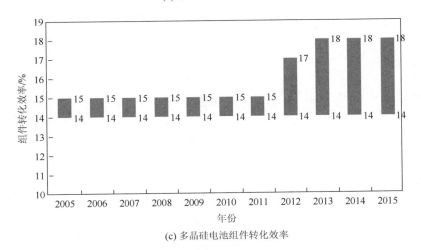

(c) 多晶硅电池组件转化效率

图 5.9　2005～2015 年全球光伏电池技术转化效率发展情况

而不同国家和地区的技术差异在 21 世纪初至 2015 年这十余年里也呈现出多样化的发展特征。这也进一步表明不同政府可再生能源技术研发政策和投资的实际效果与效率存在着差异性。在所选的国家中，日本在光伏发电技术转化效率提升方面取得了较大的成就，日本的 Solar Frontier 在铜铟硒薄膜电池组件转化效率上达到了 22.3%，这也是当时全球铜铟硒薄膜电池组件最高的转化效率。Panasonic 公司的异质结光伏电池组件的转化效率达到了 22.5%，并在 2016 年提高至 23.8%。在美国，SunPower 公司提出实现量产的光伏电池板的转化效率达到了 22.8%，而它的组件转化效率也达到了大约 22.4%。SolarCity 公司在 2016 年光伏电池组件的转化效率达到了当时全国最高纪录 25.2%。而中国光伏电池组件的竞争力主要来源于其较低的电池组件市场成本和价格，中国国内光伏发电技术的转化效率相比其他几个典型国家还有一定的差距。

2）需求侧的光伏发电技术电力消纳变化趋势

光伏发电技术需求侧的电力消纳趋势可以通过 RETSP 指标变化显示。RETSP 测度了可再生能源发电系统的年均有效工作小时数（单位：10^3h）。如图 5.10 所示，中国光伏发电技术的电力消纳效率整体上低于另外三个国家，而美国光伏发电系统的电力消纳效率在 2015 年和 2016 年均为几个国家中最高的。根据图 5.10，各个国家光伏发电系统的年利用小时数虽然经历了较大的增长，但是与传统发电技术相比，其数值仍然较低，表明全球范围内普遍存在"弃光"的现象，这也揭示了各个国家现有光伏发电技术研发政策对于提升其光伏发电的电力消纳率的作用效果较为有限，表明现有的集中于技术成本降低的研发政策体系不足以满足可再生能源技术在需求侧应用过程中的技术方面的要求。

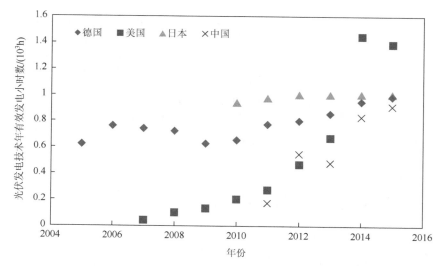

图 5.10　各个国家可再生能源技术 RETSP 指标变化趋势

图 5.10 所示的各个国家较低的光伏发电技术电力消纳效率具有多种诱因。

（1）光伏发电系统的效率同时受到技术转化效率和系统的可靠性影响。较低的光伏发电技术转化效率会直接降低光伏发电系统的电力生产量，而较低的系统可靠性则会严重影响光伏发电系统的并网情况。

（2）光伏发电项目的电力消纳效率同样受到电网的电力消纳容量的影响。自 2015 年起，光伏发电电力消纳问题已经引起了政府和学者的注意，尤其在中国，较为严重的"弃风""弃光"问题严重影响了光伏发电技术的实际应用表现，2016 年，仅中国西北地区的光伏发电弃风电量就达到了 7.042TW·h，相当于全国消费的总光伏电量的 17.8%。这很大程度上源于光伏发电项目有限的电力消纳量、电网公司对于消纳光伏电力的积极性不足、光伏发电系统安装地区的电力需求不足三个方面。上述问题受到了政府、企业和学者的广泛关注，政府也相继提出了提高可再生能源技术的电力消纳效率的相关政策。

考虑到政府可再生能源研发投资的结构，当前较差的光伏发电技术应用表现和较低的光伏电力消纳效率均需要提高对改进技术自身状态（包括技术转化效率和可靠性等）的研发投资，同时也要提高光伏发电技术系统应用技术（并网技术）和电力运输技术等的研发投入。此外，包括电力存储技术在内的其他电力辅助技术的研发投资也能对可再生能源技术的发展起到促进作用。

5.5　本　章　小　结

本章系统地评估了政府研发政策作用效果及当前可再生能源技术的发展现状，主要从其对可再生能源技术生产成本的降低、生产和应用规模的增长、技术自身状态提升和系统效率等多个方面展开分析。研究结果表明，政府研发政策对于可再生能源技术成本的降低成效显著。考虑到实现缓解气候变化压力和能源转型目标的要求，提升可再生能源的实际利用比例是当前可再生能源技术研发创新的迫切需求。因此，今后可再生能源技术研发政策框架的设计需注意以下几点：第一，在技术驱动力设计方面，政府应当提高其对可再生能源技术自身状态改进的关注度，着重激励对能源转化效率的提升；第二，在需求拉动力设计方面，政府应当从系统的角度出发，加大对可再生能源技术应用过程中系统辅助技术的研发激励，包括对可再生能源电力并网技术、电力输送、储能技术等一系列系统辅助技术和系统应用技术（如可再生能源建筑）等的激励和研发投资，上述政策，辅之以可再生能源投资补贴等，能够有效强化市场力对可再生能源技术变化过程的作用。

第6章　学习曲线方法及其在可再生能源技术创新过程建模中的应用

6.1　引　　言

正如前面内容所述，可再生能源技术在世界范围内经历了一段迅速发展的时期。然而，可再生能源技术发展仍然面临着诸多困境。把握可再生能源技术变化的一般规律是摆脱上述发展困境的基础和首要条件。因此可再生能源技术变化过程的模型构建对于应对气候变化和促进能源转型具有重大意义。

可再生能源技术的市场化发展与技术创新过程呈现相互作用的影响形式。成本是新兴技术市场成功与否的决定性因素（Anderson，2015）。作为新兴的能源技术，高成本和巨额的初始投入资金是当前可再生能源技术市场化发展的主要阻碍。现有理论研究的重要发现之一为技术变化与技术扩散过程相互伴随，而特定技术的社会采用是技术变化过程效率的保证（Christiansson，1995；Menanteau et al.，2003）。基于上述两点，包括固定上网电价（feed-in-tariff，FIT）、投资补贴、可再生能源配额制等在内的可再生能源技术应用激励政策对于可再生能源技术的扩散和技术创新过程均具有极为重要的影响。此外，可再生能源技术变化的驱动和阻滞因素之间的相互作用机理、可再生能源技术发展中的融资、可再生能源技术何时能够实现平价上网等问题均对可再生能源技术创新过程的一般化规律研究提出了明确的要求，也对可再生能源技术变化的理论和相关方法工具的研究提出了挑战。

学习曲线方法是当前可再生能源技术变化过程研究中应用最为广泛的方法，也是解决上述问题的重要工具之一（Ibenholt，2002；Azevedo et al.，2013；Qiu and Anadon，2012；Rubin et al.，2015；Tang and Popp，2016；Yao et al.，2015）。学习曲线已经在测度可再生能源发展的技术推动力作用（供应侧）研究中被广泛接受（Nemet，2009a）。结合学习曲线的方法，McDonald 和 Schrattenholzer（2001）整合了相关数据，对多种能源技术中的经验积累和成本下降趋势进行了分析。Lam 等（2017）利用学习曲线模型测度了中国风力发电相关企业在全球风力发电技术水平提升中的贡献。此外，学习曲线方法还被广泛应用于可再生能源发展政策设计问题研究中。一方面，诸多学者通过实证分析可再生能源技术成本/价格与生产或研发经验积累的关系，为具体的政策设计提供意见和建议（Menanteau et al.，2003；Kobos et al.，2006；Schilling and Esmundo，2009）。另一方面，通过将学习曲线方法引入可再生能源发展过程的系统建模中，Alizamir 等（2016）对可再生能源技术发展的政策设计问题进行了系统化分析。

学习曲线方法在可再生能源技术变化过程研究中的应用也引起了一些学者的注意。Dutton 和 Thomas（1984）、Anzanello 和 Fogliatto（2011）和 Egelman 等（2017）对学习曲线方法在不同产业中的应用研究进行了系统性的综述。另外，也有一些学者对学习曲线方法应用在可再生能源技术变化过程建模中的适用性和参数测算等问题开展了文献研究。Gillingham 等（2008）对气候变化问题中技术变化过程研究的内生性和外生性方法进行了比较分析，相关文献研究显示，以学习曲线方法为例的内生性模型应用的实际效果更佳。Rubin 等（2015）针对不同能源技术的学习效率进行了文献综述研究。Rout 等（2009）针对非化石能源学习效率之间的差异的研究文献进行了综述。Söderholm 和 Sundqvist（2007）基于已有的研究文献，对利用学习曲线方法进行可再生能源技术变化过程实证分析过程中面临的主要挑战进行了研究。Neij（1997）对利用学习曲线方法实证分析风电和光伏发电技术变化过程的文献进行了综述。Kahouli-Brahmi（2008）通过对已有学习曲线在可再生能源技术变化过程方面研究文献的整理，辩证地分析了技术学习的基本概念、学习曲线方法与能源-环境-经济建模过程的整合以及学习曲线方法实际应用过程中存在的主要问题。上述研究表明，亟须对学习曲线方法在可再生能源技术变化过程建模中的应用研究进行整理，一方面对现有的丰富研究进行总结，另一方面旨在为学习曲线方法的进一步应用提供理论和方法指导。

学习曲线在可再生能源技术变化过程研究中的应用情景具有多样化的特征，在不同情景下，学习曲线模型的形式、所选用的指标变量等也存在差异。在模型构造形式方面，现有研究中主要采用的方法有 SFLC、TFLC 和多因素学习曲线（multi-factors learning curve，MFLC）三种。而在指标变量选取方面，现有研究所选的学习因素包括累计产量、累计装机容量、累计研发投资、专利数量等。而用于表征可再生能源技术变化过程的指标通常有单位生产成本、产品价格、单位装机容量投资、电力生产成本、可再生能源电力上网价格等。

尽管学习曲线在可再生能源技术变化过程研究中已经得到了极为广泛的认可，但在应用学习曲线方法研究可再生能源技术变化过程时仍然需要格外注意。尤其是现有学习曲线方法主要是一种实证分析的工具，缺乏较为成熟的理论支撑（Schmidt et al.，2017），在实际应用过程中面临着诸多问题。例如，学习曲线的应用必须满足什么条件和原则？测度不同学习效应时应当选择什么样的数据组合？学习曲线方法在不同层面（企业、行业、国家）技术变化分析过程中的效果如何？此外，可再生能源技术变化过程中相应的学习效应的多样化也需要进行审视（Yeh and Rubin，2012）。上述问题在现有文献中尚未得到较为系统和深入的分析。

学习曲线作为一种有效的实证分析方法，成熟的理论支撑的缺失虽然在一定程度上促进了其在可再生能源技术变化过程研究中的应用，但同时也对学习曲线方法的实际应用过程提出了前面提到的诸多要求。而对于应用学习曲线方法分析可再生能源技术变化过程的基础理论尚未得到国内外学者的足够重视。因此，本书针对这一问题开展了较为深入的研究。具体而言，包括应用学习曲线方法研究可再生能源技术变化过程的原因、学习曲线方法在可再生能源技术变化过程研究中应用的原则，以及基于学习曲线方法的可再生能源技术变化模型的构建。

针对上述问题，本书首先对现有文献进行回顾和总结，从而探讨学习曲线方法在可再生能源技术变化过程研究中应用的优势、原则和注意点。为此，本章着重分析了学习曲线方法在可再生能源技术变化过程中的应用研究文献，探讨学习曲线方法获得广泛应用的原因及其优势，明确学习曲线方法应用的关键原则。接着对学习曲线实际应用过程中的模型形式、指标变量、应用拓展和研究结果分析等进行较为系统的理论分析，并进一步分析学习曲线方法在今后应用中的主要方向。

6.2　基于学习曲线的可再生能源技术创新过程拟合的理论基础

6.2.1　学习曲线方法选择理论基础

（1）与火力发电等传统能源技术相比，可再生能源技术更类似于可规模化生产的技术（Christiansson，1995；Neij，1997）。与传统能源技术不同的是，可再生能源技术的成本主要分布在产品的生产过程中。因此，可再生能源技术成本的降低过程必然与现代化生产技术的进步，如流水线生产、流程标准化、规模效应等，有十分重要的关系。自 Arrow（1962）提出 LBD 以来，LBD 的概念在测度产品成本降低和生产经验积累之间的关系方面就已经取得了十分显著的成就（Bodde，1977）。而传统的能源技术和设备产生的成本中还包含极大一部分建设和运营成本（Christiansson，1995），这也表明传统能源技术的成本变化过程容易受到诸多外部因素变化的影响，因而其技术变化过程的外生性更加明显。相反，可再生能源技术的变化过程中内生性作用更加显著（Nordhaus，2014；Gillingham et al.，2008）。这与学习曲线方法的特征较为吻合，从而从概念层面促成了学习曲线方法在可再生能源技术变化过程研究中的成功应用。

（2）作为一种内生技术变化过程的研究方法，学习曲线方法可以有效地帮助整合可再生能源技术供应侧和需求侧的发展情况。具体而言，内生技术变化过程通常可以用于反映技术变化和扩散之间的动态关系（Duan et al.，2018；Freeman，1994）。这一点很好地迎合了整合可再生能源技术在供需双侧的变化过程的需求。现有研究也明确揭示了可再生能源技术供需双侧的变化过程具有十分重要的相互关联性（Christiansson，1995；Foray and Grübler，1990）。因此，学习曲线在应用过程中能够有效地帮助实现可再生能源技术发展的系统性建模研究（Alizamir et al.，2016；Chen and Ma，2014）。这也同样有利于将技术变化过程与多种能源-环境-经济系统进行耦合，现有研究中学习曲线方法已经成功应用至气候经济区域综合模型（regional integrated model of climate and the economy，RICE）（Buonanno et al.，2003）、MESSAGE 模型（Messner，1997）、区域与全球温室气体减排政策评估模型（model for evaluating the regional and global effects of ghg reduction policies，MERGE）（Manne and Richels，2004）等多种能源-环境-经济系统建模中（Kahouli-Brahmi，2008）。此外，Bretschger 和 Zhang（2017）还构建了一个动态的宏观经济模型来分析如何将 LBD 的概念引入技术变化过程中。综上所述，学习曲线方法的理论内涵中隐含的系统性特征有助于优化其在多种系统建模过程中的表现，因而促成了学习曲线方法在可再生能源技术变化过程研究中的广泛应用。

（3）学习曲线方法有助于将可再生能源技术变化的多种驱动因素进行整合，从而提高相关研究成果的系统性和科学性（Hayashi et al.，2018；Huenteler et al.，2018）。在传统的 SFLC 模型基础上，根据拟分析的学习效应的因素和结构差异，存在多种不同的模型形式的变化以分析技术变化的过程。例如，诸多学者将 LBR 效应引入之后构建了 TFLC 模型（Miketa and Schrattenholzer，2004；Barreto，2001；Kobos，2002；Kouvaritakis et al.，2000a；Kobos et al.，2006；Nemet，2006）。学者还通过学习曲线方法的变形研究 LBD、LBR 和不同区域或不同主体间的知识溢出效应。此外，学习曲线方法还可以通过与柯布-道格拉斯函数框架结合来分析可再生能源技术变化过程中的多种因素的作用效果（Yu et al.，2017；Qiu and Anadon，2012）。上述模型形式的多样性和灵活性是应用学习曲线方法分析可再生能源技术变化过程的优势和重要原因之一。

（4）学习曲线方法旨在刻画技术成本随着市场发展而变化的轨迹，同时分析实现相关目标所需的资源条件。如前所述，成本是当前可再生能源技术市场化发展的关键因素和当前的主要障碍。此外，机构支持对于可再生能源技术前期发展具有重要作用。因此，FIT、投资补贴和配额机制等政策激励的设计是可再生能源技术初始发展的必需动力。根据相关研究，FIT 是当前可再生能源驱动政策中应用最为广泛且最为有效的方式（Alizamir et al.，2016）。具体而言，FIT 政策贡献了 2008 年世界范围内光伏发电技术应用的约 75% 和风力发电技术应用的约 45%（Fulton et al.，2010）。通过经验学习降低可再生能源技术的成本水平，可以为可再生能源需求侧发展的强制性目标水平（技术价格等）的制定提供科学依据（Goldemberg et al.，2004）。然而，在可再生能源技术激励政策设计过程中，政府常常需要面临对可再生能源技术发展激励水平的权衡挑战，即在不同阶段可再生能源技术发展的目标水平应该如何制定。对前期可再生能源技术发展的激励水平越高，表明对较低效率的技术投资越高，可再生能源技术前期投资过大，在一定层面上会降低相关政策的效率；而对前期可再生能源技术发展的激励水平过低，对可再生能源技术前期发展的激励不足，则会导致无法实现可再生能源的发展目标，同时也会极大地影响后续可再生能源技术变化过程。因此需要对可再生能源技术供需双侧的相互影响进行较为科学、合理的分析，进而对可再生能源技术发展的实际过程做出判断。而学习曲线方法刚好具备了开展上述研究的相关条件，从而较好地迎合了可再生能源发展相关政策设计的要求（Nagy et al.，2013）。因此，学习曲线方法具备辅助政策制定的能力，这也是学习曲线方法在可再生能源技术变化研究中得以应用的重要原因之一。

综上所述，学习曲线方法在可再生能源技术变化过程中得以应用的原因主要包含以下四个方面：第一，与传统能源技术相比，可再生能源技术变化过程更加符合学习曲线方法所测度的技术变化特征；第二，学习曲线方法可以有效整合供需双侧发展的相互作用和影响，从而适应相关系统模型构建的实际需求；第三，学习曲线方法有助于整合可再生能源技术变化的多种影响因素，提高相关研究的系统性和科学性；第四，学习曲线方法能够有效迎合可再生能源发展相关政策设计的实际需求。

6.2.2　学习曲线方法应用前提条件

现有文献对应用学习曲线方法研究可再生能源技术变化过程需要满足的前提条件尚未有较为充分的考虑。这主要是因为学习曲线方法缺乏成熟的理论支撑。这虽然在一定程度上促进了学习曲线方法在可再生能源技术发展相关问题研究中的广泛应用，但也对这些研究过程和结论的科学性与可靠性提出了挑战。在应用学习曲线方法研究可再生能源技术变化的实践中，仍然存在许多需要注意的问题。因此，本章对学习曲线方法在可再生能源技术变化研究中需要满足的前提条件进行了较为系统的分析和讨论。

（1）可再生能源技术变化过程中的学习经验来源需要经过提前考虑和深思。根据现有研究和前面对学习曲线应用的原因分析，可再生能源技术相比于传统能源技术更类似于规模化生产的技术产品，而可再生能源种类多样，不同的可再生能源技术的特征也呈现多样化。例如，与光伏发电和风力发电技术相比，生物质能源利用技术的应用过程中仍然存在较大的建设和运营维护成本，因此其更接近传统能源技术的特征。在考虑生物质能源技术的经验学习来源时，需要更多地考虑运营过程而不是技术生产过程中的经验学习。由此可知，由于可再生能源技术存在多样化的特征，其经验学习的来源也存在着一定的差异性，所以在应用学习曲线方法研究可再生能源技术变化问题时，需要提前针对特定技术经验学习的来源进行具体分析和审视，从而保证研究结果的可靠性。

（2）应用学习曲线方法研究可再生能源技术变化过程时，需要剔除那些随机的技术突破的影响。对于学习曲线方法而言，一个重要的前提假设是学习曲线方法所分析的技术变化过程中不会有重大的本质性的变更（Christiansson，1995）。这些变更有可能是由技术突破、知识的溢出、物价的变化等因素所引发的（Schmidt et al.，2017）。因此，在应用学习曲线方法研究可再生能源技术变化过程之前，需要先对所选的技术变化研究阶段中可能的技术突破等因素进行充分的考量，从而提高对相关结果分析的准确性和科学性。

（3）应用学习曲线方法研究可再生能源技术变化过程时，需要尽量保证研究期间原料价格的相对稳定性。即原料价格在这段时期内不能变动过于频繁从而影响学习曲线方法分析结论的可靠性。在可再生能源技术发展的初期阶段，原料成本的价格变化较小，对可再生能源技术变化过程的影响相对较小。然而，随着可再生能源技术的不断成熟，其技术变化过程受到原料的影响逐渐增大，在应用学习曲线方法分析其技术变化过程时，原料价格变化必须得到充分的考虑，从而保证研究结果的可靠性。

6.3　可再生能源技术学习曲线拟合的指标和数据选择

6.3.1　可再生能源技术学习效应测度的指标选择

变量的选择对于应用学习曲线方法分析技术变化过程中的学习效应结果具有十分重要的影响。在现有文献中，学者采用了纷繁多样的变量组合来测度可再生能源技术变化过程中的 LBD 或者 LBR 效率（相关变量组合的详细列表见附表 A1 和 A2），图 6.1 展示了现有风力发电和光伏发电技术变化学习曲线方法研究中 LBD 和 LBR 效应测度的指标组合情况。而上述多样化的变量组合对于可再生能源技术变化过程的建模和结果评估均具有十分重要的影响（Nemet，2009b）。

单因素学习曲线在可再生能源技术变化和气候变化模型等研究中已经取得了广泛的应用，而在相关研究中，如图 6.1 所示，有较为多样化的指标组合可供选择，包括可再生能源技术的累计装机容量、累计生产运输量等。用于测度可再生能源技术变化过程的指标包括单位装机价格、单位设备价格和度电成本等，不同变量的选择其模型的构建和结果分析的要求也各不相同。

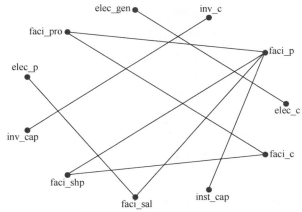

(a) 光伏发电技术LBD测度指标组合

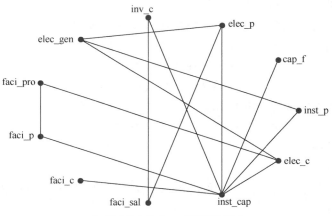

(b) 风力发电技术LBD测度指标组合

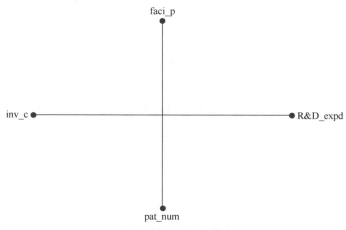

(c) 光伏发电技术LBR测度指标组合

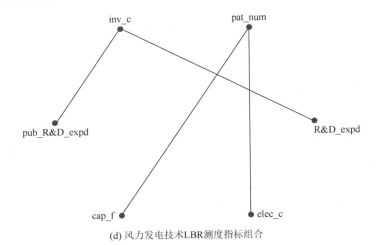

(d) 风力发电技术LBR测度指标组合

图 6.1　现有文献中光伏发电和风力发电技术学习效应测度的指标组合

如图 6.1 所示，现有文献中存在多种多样的变量组合用于测度可再生能源技术（尤其是风力发电和光伏发电技术）的 LBD 和 LBR 效率。然而，相关指标组合的选择原则、指标选择的目标和理念等对应用学习曲线方法分析的结果解释带来诸多干扰和问题，因此需要先对现有可选的指标组合其背后的目标、理论和干扰因素具有较为深入的理解。因此，本章对各指标组合的概念内涵进行分析，包括相关指标组合选取的理念、优劣势等。

（1）技术生产成本-累计产量指标组合（faci_c-faci_pro）：技术生产成本和累计产量这一指标组合是测度可再生能源技术变化过程中 LBD 效应的传统指标组合（Gan and Li，2015）。根据 Nagy 等（2013）的研究，与其他指标相比，累计产量被称为可再生能源技术成本变化的最好的测度指标。这也是传统的工业制造中经验学习方法应用的最经典指标组合。应用这一指标组合所测得的学习效应结果更具合理性和可解读性。与此同时，可再生能源技术生产成本的可获得性较低，需要加强对可再生能源技术生产过程中的成本和累计产量的统计工作，从而促进相关指标和学习曲线方法的改进和应用，强化对可再生能源技术变化过程的理解和建模工作。

（2）技术价格-累计安装量指标组合（faci_p-inst_cap）：在应用学习曲线方法研究可再生能源技术变化的实践中，由于数据的可获得性问题，可再生能源技术价格和累计安装量成为分析 LBD 效率应用最广泛的指标组合（Neij，2008）。然而，可再生能源技术的价格通常会受到原料投入价格波动、市场结构变化、通货膨胀、政府政策环境等多种外部因素的影响。举例而言，由于 2012 年欧美对中国可再生能源产品"双反"政策的影响，中国可再生能源技术尤其是光伏产品价格降到了该段时期的最低水平。这一较低的价格无法充分地用传统的学习曲线方法和经验学习相关理论进行分析和解释。尽管应用技术价格-累计安装量指标组合在分析可再生能源技术变化过程中面临上述几个难点，但鉴于其数据可获得性，这一指标组合是当前应用得最为广泛的组合。与此同时，应用累计安装量作为测度 LBD 效率的指标需要建立在可再生能源技术生产和安装规模之间的差距极小从而可以忽略这一假设的基础上。

（3）技术价格-技术运输量指标组合（faci_p-faci_shp）：应用可再生能源技术价格作为测度技术变化过程的指标，部分学者选用可再生能源技术产品的运输量来测度 LBD 效率。这一指标组合的选取主要也是因其数据的可获得性（Swanson，2006）。然而，这一指标组合的应用也较为有限，这主要是因为应用这一指标组合时，对于所测得的学习效应结果的解释难度较大。与累计生产量和装机量相比，产品的运输量较难测度可再生能源技术生产或安装过程中的经验积累。

（4）电力上网价格-累计安装量指标组合（elec_p-inst_cap）：电力上网电价和累计安装量也被选为分析可再生能源技术变化过程的学习效应（Qiu and Anadon，2012）。通过这一指标组合所测得的学习效应可以通过可再生能源技术应用过程中的经验积累引起的成本降低来进行解释。然而，现有的激励可再生能源技术发展的政策显示，可再生能源电力上网电价通常会受到政府政策的影响（例如，FIT政策是一个为可再生能源技术提供具有竞争性的电力价格的制度）。在上述政策的影响下，利用这一指标组合分析所测得的可再生能源技术学习曲线的结果会受到较大的影响。

（5）电力上网价格-累计电力生产量指标组合（elec_p-elec_gen）：电力上网电价和累计电力生产量指标组合也被用于测度可再生能源技术变化过程中的学习效应（Neij et al.，2003）。与累计安装规模指标相比，累计电力生产量指标可以更加合理和有效地测度可再生能源技术整个产业运行中的经验积累过程。

（6）LCOE-累计安装量指标组合（LCOE-inst_cap）：LCOE 和累计安装量指标组合是应用学习曲线方法分析可再生能源技术变化过程的另一个重要指标组合。例如，Lam 等（2017）选用了 LCOE-累计安装量指标组合分析风力发电技术的 LBD效率。与电力上网电价指标相比，LCOE 更接近可再生能源技术变化指标的定义。LCOE 也能避免前面所述的政府政策的影响。这一指标组合也在传统学习曲线的理论上展示了与电力上网电价指标相比的优势。然而，LCOE 指标通常是经过数学处理后得到的一组数值，而电力上网电价则是一组直接统计得到的数据值，因而 LCOE与电力上网电价相比在数据的实际性和可靠性上具有相对劣势。

（7）投资/技术生产成本-累计安装量指标组合（inv_c/faci_c-inst_cap）：可再生能源项目的投资/技术生产成本与累计安装量指标组合在现有文献中也被用于分析可再生能源技术变化过程中的经验学习（Junginger et al.，2005）。这一指标组合在理论上可以用于测度可再生能源项目安装过程中的经验积累所引起的投资成本降低效应。因此该指标组合的应用需要可再生能源项目数据来测度技术变化过程，这也为学习曲线方法分析带来了更多的条件和要求。

（8）LCOE-研发投资指标组合（LCOE-R&D_expd）：LCOE 和研发投资被用于测度可再生能源技术变化过程中的 LBR 效应。Kobos 等（2006）应用可再生能源的 LCOE 和累计研发投资来测度美国政府的研发政策对于可再生能源技术成本降低的作用效果。将研发投资引入学习曲线方法中可能会带来多种多样的挑战，包括数据的收集和知识的损失等。此外，研发投资指标可以具体分为公共研发投资和私有研发投资两个指标。前者更直接受到政府研发政策的影响，而后者更多地表征私有企业或机构在可再生能源技术研发中的投入。相比而言，政府公共研发投资数据的可获得性更高，每年相关数据报告数量和种类多样，而私有研发投资数据可获得性相对较低。这一问题极大地限制了相关指标组合在可再生能源技术变化 LBR 效应测度中的广泛选取和应用。

（9）技术价格-专利数量指标组合（faci_p-pat_num）：设备价格和专利数量是另一种用于测度可再生能源技术变化过程中 LBR 效应的指标组合。与研发投资指标相比，专利数量是一种用于测度 LBR 效率的产出导向指标。在现有研究中，专利数量和研发投资之间的关系已经得到了包括 Johnstone 等（2010）和 Peters 等（2012）在内的多种研究的验证。而利用专利数量指标进行分析的优势也被 Popp（2005）和 Bointner（2014）等的相关研究进行了论证。作为一种对技术创新过程的表征方法，专利数量提供了一种对相关研发产出进行有效测度的方式。然而，基于专利数量进行可再生能源技术变化的研究在实施过程中也需要极为谨慎，因为这一方式很可能带来由于引入一些不相关活动或排除一些相关的研发活动而产生的误差（Bointner，2014；Johnstone et al.，2010；Amore and Bennedsen，2016）。具体而言，Moser（2005）提出在经济层面上仅有 5%～20%的专利具有有效性。Bointner（2014）对通过研发投资和专利数量测得的知识积累进行比较，并明确了这两者之间存在较大的差别。考虑到相关专利的有效性问题，Nemet（2009a）选取了"高被引"的专利数量来测度可再生能源技术的知识积累并分析了风力发电技术变化过程中的 LBR 效应。

综上所述，现有可再生能源技术变化过程研究中，相关指标组合的选择呈现出主观性和随机性的特征。由于当前并没有成熟的关于学习曲线或可再生能源技术变化过程的理论支撑，相关指标组合的选取通常由具体研究的问题、研究目标、数据的可获得性和相关学者的理解和偏好所决定。而各类指标数据之间的关系、这些关系的合理性、相关经验学习和成本降低的来源以及研究结果的可靠性尚未得到较为充分的考虑和论证。因此当前亟须针对学习曲线和可再生能源技术变化进行相关理论的分析。此外，可再生能源技术变化过程的相关数据统计工作也需要做出进一步改进来辅助相关指标组合的选取。

6.3.2 可再生能源技术学习曲线拟合的数据组选择

当前学习曲线方法在可再生能源技术变化过程中广泛应用的主要原因之一在于其对相关数据没有较为严格的条件约束。然而，作为一种实证工具，数据选择也对学习曲线分析的结果具有极为重要的影响。可再生能源技术变化相关的不同数据组合的有限性已经得到了 Bointner（2014）的关注。此外，正如 Nemet（2009b）所述，学习曲线方法研究中所选择的技术变化阶段也对研究结果具有较大的影响。Yeh 和 Rubin（2012）也提出研究的时间窗口选择能导致风力发电技术学习效率测度结果中较大的变动范围。Junginger 等（2005）选用了全球范围内累计安装量和土耳其的投资成本变化指标来研究可再生能源技术的 LBD 效率，这一选择给研究结果的分析带来了问题和阻碍，尤其是在解释相关学习效应的来源方面。

通过不同层面搜集的数据组合进行研究也会产生多样化的结论。全球数据和区域的数据均能够应用在学习曲线中来分析全球或者区域层面上可再生能源技术的学习效应（Nagy et al.，2013）。此外，项目层面的数据也能用于企业层面的学习曲线拟合来分析企业内部（inner-firm）和企业之间（inter-firm）存在的知识溢出效应（Yao et al.，2015；Tang and Popp，2016）。举例而言，Qiu 和 Anadon（2012）的研究提出，在企业之间的学习效率方面，市场份额较小的研发者和市场份额较大的研发者分别为 5.06%（显著）和 1.1%（不显著），考虑到国家和地区之间的技术变化过程，外国研发数据也被引入学习曲线方法中来分析国际的知识溢出问题（Klaassen et al.，2005）。相关结果显示，知识溢出在相似产业之间的作用更加重要（Popp，2006）。

6.4 可再生能源技术学习曲线模型基本框架

自 Wright（1936）在研究飞机制造过程中的成本降低情况过程中首次提出学习曲线模型以来，学习曲线方法在多种产业和技术中得到了极大的发展和广泛的应用。对于可再生能源技术而言，现有研究中存在多种模型框架来测度学习效应。其中 SFLC 和 TFLC 是应用最为广泛的两种模型框架。Nagy 等（2013）对这两种学习曲线框架下的不同模型在测度技术变化过程中的应用进行了综合比较。

6.4.1 SFLC 模型

SFLC 模型因其简洁性和对技术变化趋势的预测能力而受到广泛的应用。传统的 SFLC 通常用于测度在产品生产或者项目发展过程中由于经验的积累而造成的成本下降过程（Wright，1936；Argote and Epple，1990；Bodde，1977）。这一效应被称为 LBD，它最早由 Arrow（1962）正式引入。LBD 效应用累计产量作为单一解释变量来测度技术的成本变化和未来的成本情况。一般而言，SFLC 通过将技术的生产成本或价格与累计生产量联系起来构建分析框架，具体如式（6.1）所示：

$$C_n = KQ_n^\alpha \qquad (6.1)$$

式中，C_n 为用以测度技术变化过程的指标变量（通常为成本或价格）；K 为常数项；Q_n 为学习效应的解释变量；α 为表征技术学习效率的参数且通常为负值，学习效率 LR 的计算方式如式（6.2）所示：

$$LR = 1 - 2^\alpha \qquad (6.2)$$

由上述内容可知，SFLC 在实际应用过程中具有较强的简洁性优势，且其在测度可再生能源技术变化过程中效果较好。因此 SFLC 是目前不同学习曲线模型框架中应用最广泛的。具体而言，正如 Nordhaus（2014）所指出的，完全区分 LBD 和其他因素如 LBR、技术突破等的作用极为困难，并且 SFLC 在实际应用过程中效果较好且足以测度可再生能源技术变化过程中的学习效应。此外，SFLC 的简洁性也提高了其与其他能源-环境-经济模型进行整合的能力。上述因素均极大地促进了 SFLC 在可再生能源技术变化和气候变化相关研究中的广泛应用。

6.4.2 TFLC 模型

考虑到学习效应中的知识储备影响，TFLC 被用于区分可再生能源技术变化过程中的不同类型的驱动力的作用效果（Zheng and Kammen，2014；Lam et al.，2017；Klaassen et al.，2005；Qiu and Anadon，2012）。其中因知识储备增加而引起的成本降低过程被定义为 LBR。LBR 是当前除 LBD 外被国内外学者分析最多的因素。Kahouli-Brahmi（2008）对 TFLC 在岸上风电技术中的应用进行了调查并对相关的 LBR 效率进行了展示。在现有研究中，TFLC 通常还能用于对不同的学习效应（如 LBD 和 LBR）等进行比较，例如，Söderholm 和 Sundqcist（2007）利用 TFLC 模型比较分析了风力发电技术的 LBD 和 LBR 效率的差别。

在数学形式上，同时考虑 LBD 和 LBR 构建 TFLC 模型结构，如式（6.3）所示：

$$C_n = KQ_n^\alpha KS_n^\beta \qquad (6.3)$$

式中，KS_n 为测度 LBR 效应的指标，通常为第 n 期为止的累计知识储备量；β 为测度 LBR 效率的参数。一般而言，第 n 期知识储备量可以通过式（6.4）进行计算：

$$\text{KS}_n = (1-b)\text{KS}_{n-1} + \text{RD}_{n-\tau} \qquad (6.4)$$

式中，b 为该技术的知识衰减因子；RD_n 为第 n 期的技术研发投入量；τ 表征技术研发投入的时间延迟效应，即第 n 期的研发投入对于技术变化过程的影响将于第 $n+\tau$ 期才能测得。知识衰减在考虑技术的 LBR 效应时具有重要的意义，因为以往的知识储备对于技术的变化过程的作用效果将逐渐削弱甚至不继续产生影响。

此外，与 TFLC 相比，基于 SFLC 的 LBR 效应反映了研发投资的一般影响，且并未考虑区分规模效应和技术突破等因素的影响。根据 Wiesenthal 等（2012）的研究，公共研发投入与直接作用于可再生能源技术市场的政策具有相当的重要地位，而 TFLC 主要用于区分不同的解释变量的作用效果，但是其往往具有较为明显的缺陷，即在应用过程中无法避免多重共线性等问题对研究结果可靠性的影响。与此同时，SFLC 的实际应用表现较优于 TFLC，正如 Badiru（1992）的研究所指出的，TFLC 虽然考虑的因素更多，但是其实际分析的效果并不如SFLC。即在引入了多重学习效应的同时，TFLC 的应用还需要考虑如何有效区分不同因素的作用效果。这也是当前学习曲线方法应用过程中面临的一个重要问题。

6.4.3　其他学习曲线模型形式

学者们还提出了多种不同的学习曲线模型的变形以用于考虑不同因素的作用效果或消除外生变量的影响。例如，学习曲线方法还可以与柯布-道格拉斯函数相结合来分析多种因素影响下的可再生能源技术变化过程。在相关研究中，这一模型的结构主要从传统的 SFLC 或者 TFLC 出发，将相关形式代入柯布-道格拉斯函数中进行进一步分析。同时，学习曲线方法也能与成本分解方法相结合来消除外生变量（如原料投入的价格波动等）对所测得的学习效应和结果可靠性的影响，举例而言，Matteson 和 Williams（2015）通过将成本分解为原料成本和剩余成本，再结合学习曲线方法分析，从而去除了原料价格波动对电池技术成本变化过程分析的影响。Zheng 和 Kammen（2014）通过对传统的 TFLC 进行变形，构建了一个分阶段学习曲线方法来消除多重共线性对 TFLC 测度光伏发电技术 LBR 效率研究结果的影响。Yu 等（2011）通过引入投入原料的价格和规模效应对学习曲线进行平滑处理，从而提供了新的学习曲线分析模型框架。基于上述分析，在已有的SFLC 和 TFLC 模型框架基础之上，学者针对现有的学习曲线方法应用过程中面临的主要问题和关键影响因素，不断改进相关模型结构，与其他方法进行结合等，旨在避免现有学习曲线方法的相关缺陷和关键劣势，丰富学习曲线方法的应用形式。

6.5　可再生能源技术学习曲线拟合建模要点

6.5.1　可再生能源技术学习效率

　　根据式（6.3）的相关分析可知，学习效率定义为技术的生产或研发经验积累达到双倍时，技术成本降低的比例。学习效率是测度可再生能源技术变化过程中存在的学习效应和评估可再生能源技术发展趋势与潜力的一个重要指标。Rubin等（2015）针对发电技术的学习效率进行了一个综合性的文献分析工作。如图 6.2所示，不同技术的 LBD 学习效率和 LBR 学习效率分别分布在−3%～35%（风电LBD）、4%～78%（光伏发电 LBD）和 4%~27%（风电 LBR）内。在已有的文献研究中，由于变量选择、数据和时间及空间等的差异，可再生能源技术的学习效率值的变动范围较大。

　　不同的模型框架结构往往也对所测得的技术学习效率值的变动具有较大的影响。首先，所选的指标组合在理论上对测得的学习效率值具有较大影响。相关研究结果显示，在测算 LBD 效率时，应用技术发电成本［美元/（kW·h）］指标所测算的效率值比应用投资成本所测得的效率值更大，在同一个研究区间内会引起一个−3%～20%的变动区间（Junginger et al.，2005）。其次，参数的设定对于研究结果也具有重大的意义。Kobos 等（2006）对可再生能源技术在不同情景下的学习效率值做了一个敏感性分析，其情景的设定主要依据时间延迟参数和知识衰减参数的区别。在基准情景中，LBD 效率和 LBR 效率分别为 14.2%和 18%，根据时间延迟参数在 0～6 年的变动，LBD 效率和 LBR 效率的变动范围分别为 12.3%～16.7%和 4.9%～25.7%。将知识的衰减参数从 0 提高到 0.1，LBD 效率和 LBR 效率均会有 1.4%～3.7%和−0.7%～16%的波动。

　　学习效率也会随着时间的变化而改变。因此，应用学习曲线方法研究可再生能源技术变化过程经常可以划分成不同阶段，包括起始（或研发）阶段、稳定（或生产）阶段等。进一步，学习曲线方法还可以转变为一个 S-曲线进行研究（Christiansson，1995；Schmidt et al.，2017）。基于 Lam 等（2017）的研究结果，中国风力发电产业的学习效率在 2004～2005 年高达 8.7%，但是若将研究的时间阶段改为 2004～2009 年，学习效率的值会先降低至 2.2%后反弹至 4.1%。在研究巴西生物乙醇的学习曲线时，Goldemberg 等（2004）发现，巴西生物乙醇生产在1980～1985 年的学习效率为 7%，然而在 1985～2002 年为 29%。

　　可再生能源技术在不同区域内的学习效率的值也不相同。不同国家的学习效率值的差异高达 14%（Wene，2000；Wei et al.，2017）。例如，在 1981～1990 年，

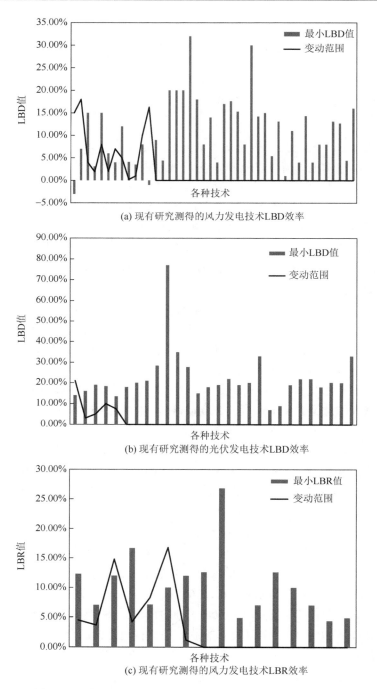

(a) 现有研究测得的风力发电技术LBD效率

(b) 现有研究测得的光伏发电技术LBD效率

(c) 现有研究测得的风力发电技术LBR效率

图 6.2　现有研究中的风力发电和光伏发电技术的学习效率

现有研究中对于光伏发电技术的 LBR 效率测算研究较少，因此相关 LBR 数据未予展示

丹麦经历了一个与中国类似的可再生能源规模发展速度，其可再生能源技术的规模扩大了近 100 倍，其学习效率值也达到 8.8%（Neij et al.，2003）。而在相近的发展速度之下，德国在 1991～2000 年将其风力发电的规模扩大了近 60 倍，其学习效率也高达 12%。利用清洁发展机制（clean development mechanism，CDM）中注册的项目数据，Lam 等（2017）对比分析了中国、丹麦和德国在相近的产业发展阶段的学习效率情况，他们提出基于 LCOE 所测得的中国风电学习效率值为 3.5%～4.5%，与另外两个国家相比较低。

在 LBD 和 LBR 效率的基础之上，联合学习效率（joint-learning rate）的概念被一些学者提出，旨在避免 TFLC 等模型框架中的一些问题。联合学习效率基于不同来源的学习效应无法完全分离的研究结果和理论而构建。Qiu 和 Anadon（2012）构建了一个学习曲线模型来分析中国的风力发电技术变化情况，通过整合 LBD 和 LBR 的作用效果，联合学习效率指标得以提出，所测得的联合学习效率范围为 4.1%～4.3%。

6.5.2　可再生能源技术变化中的时间延迟和知识衰减

在应用学习曲线方法研究可再生能源技术变化的过程中，一个最需要关注的问题是时间的延迟效应和知识的衰减。在现有的研究中，学者往往认为在将 LBR 效应引入学习曲线方法中时，当前的研发投入对技术变化过程没有一个即时的作用效果体现，LBR 效应往往测度过往的研发投入逐渐形成的对技术变化的影响（Kobos et al.，2006；Yeh and Rubin，2012）。这就引入了对于多久之后研发投入才能产生对技术变化的影响的讨论。此外，知识储备对技术变化的影响也会逐渐降低。Benkard（2000）讨论了欧洲飞行器制造过程中存在的学习和遗忘的效应，从而将知识储备影响的削弱引入了学习曲线方法中。上述问题的引入带来了对时间延迟和知识衰减两个参数的研究。

时间延迟定义为在多长时间后现阶段的知识投入（研发投资或专利数据等）可以最终产生对技术变化过程的影响。现有文献对于时间延迟的分析和讨论相对有限。基于已有的研究，2～5 年往往被学者称为最合适的延迟时长（Miketa and Schrattenholzer，2004；Klaassen et al.，2005；Kobos et al.，2006；Bointner，2014）。然而，Bosetti 等（2009）的一些研究也将时间延迟定义为 10 年来分析一些支持技术的变化过程。上述对于时间延迟的参数设定对于最终研发投资对技术变化过程的学习效应测度结果具有极为重要的影响。

知识衰减率定义为知识储备的影响衰减的速度。知识衰减率在现有文献中分析较多。Argote 和 Epple（1990）、Darr 等（1995）、Kim 和 Seo（2009）提出知识衰减率在不同的产业领域中通常在 25%/年～50%/年的范围内变化。也有其他研究提出了更大的知识衰减率的变化范围。例如，Thompson（2007）所测得的 4%/年～6%/年范围内的知识衰减率比 Kim 和 Seo（2009）在相同案例中采用的知识衰减率更低。Grubler 等（2012）通过对已有文献的回顾和分析发现，能源技术领域典型的知识衰减率在 10%/年～40%/年范围内。结合私有研发投资和其他公司的知识溢出效应，Watanabe 等（1999）针对日本的光伏发电产业构建了一个知识储备计算模型并测算出其知识衰减率基准为 30%/年。Nemet（2009a）通过利用一组"高被引"的风能专利数据分析，提出了一个约为 10%/年的知识衰减率。

时间延迟和知识衰减已经被证实对于应用学习曲线测度可再生能源技术变化过程具有极为重要的影响。结合时间延迟和知识衰减效应，Kobos 等（2006）通过改变时间延迟和知识衰减率参数对学习效率进行了敏感性分析。时间延迟被定义为在 0～6 年的范围内进行变动，而知识衰减率也被设定在 0%/年、2.5%/年、5%/年和 10%/年进行变动。Watanabe（1999）提出了时间延迟在 3～5 年的范围内变动来对以 3 年的时间延迟为基准情景的问题进行敏感性分析，其研究中知识衰减率也被定义为在 0%/年、2.5%/年、5%/年和 10%/年进行变动。相关研究结果显示，只有 3 年的时间延迟和 10%/年的知识衰减率情景能够满足所有的统计截止标准。综上所述，可再生能源技术变化过程中，知识衰减率通常在 10%/年～40%/年的范围内波动。但这一范围经常根据时间、产业和地区的不同而呈现较大的差异（Hall，2007）。

6.5.3 可再生能源技术学习曲线模型研究的关键挑战

尽管学习曲线在可再生能源技术研究中具有如 6.1 节所述的优点，但在学习曲线得到广泛应用的同时其也面临着多种多样的挑战。基于现有研究，学习曲线方法在可再生能源技术变化过程研究中应用时，应当首先关注以下几个关键挑战。

（1）如何处理技术变化过程中不确定的技术突破过程对学习曲线方法研究的影响。学习曲线方法应用过程中一个最大的限制条件在于它无法考虑到一些不确定性因素（例如，技术突破、不同地区或主体间的知识溢出、物价波动等）的影响（Schmidt et al.，2017；Dutton and Thomas，1984）。这也是因为学习曲线是一个实证的工具而不是分析的方法。上述问题通常会带来学习曲线中的不连续和分段化。因此，在现有研究中，相关技术通常被假设为在所研究的阶段内处于相对稳定的状态，从而构建其学习曲线模型分析技术变化的过程。将知识溢出效应引入学习曲线模型中通常可以在一定程度上处理这一问题（Tang and Popp，2016）。Fabrizio 等（2017）针对知识和技术在不同国家间的转移进行了针对性的分析。

（2）如何移除外生因素对可再生能源技术变化过程的学习曲线研究结果的影响。Weiss 等（2010）提出应用学习曲线方法很有可能会忽略生产过程之外的一些外生因素对技术变化过程的影响。鉴于学习曲线方法分析的结论很有可能受到投入原料价格波动等外生变量的影响，因此，学习曲线模型在构建过程中需要极为谨慎。例如，Matteson 和 Williams（2015）在分析铅蓄电池的成本变化过程中证实，投入原料（铅）的价格波动对于学习效应结果具有极为重要的影响。他们通过将成本分解为原料成本和剩余成本，构建了针对剩余成本的学习曲线模型来提高相关研究结论的可靠性并消除了原料价格波动的影响。此外，Kavlak 等（2018）对光伏发电技术的成本进行分解来测度光伏发电技术成本降低背后的相关驱动因素。

（3）在应用 TFLC 或者多因素学习曲线模型时如何消除多重共线性的影响。在应用学习曲线方法研究可再生能源技术变化时，往往面临着一个重要的取舍。一方面，传统的 SFLC 模型无法综合考虑多种影响因素的作用效果，很有可能忽略一些非常关键的因素；另一方面，多个变量被引入学习曲线方法中来区分不同的学习效应，但往往面临多重共线性的影响。现有的研究结果显示，利用 SFLC 所测得的 LBD 效率往往比 TFLC 或多因素学习曲线测得的学习效率更低。具体而言，在 Qiu 和 Anadon（2012）的研究中，风力发电技术的知识储备和累计安装量在 1996～2009 年具有高达 89.13%的相关性。因此，应用 TFLC 或者多因素学习曲线方法分析时需要加以注意和小心。已有研究中，Zheng 和 Kammen（2014）提出了一个两阶段分析过程来作为处理多重共线性问题的一种选择。然而，这一多阶段回归的方法对于 TFLC 模型应用效果的提升较为有限，因而在其他的研究中尚未得到更多的利用和扩展。联合学习效率的概念也能够在一定程度上帮助解决多重共线性的问题。联合学习效率的提出可以帮助用 SFLC 代替 TFLC，从而简化了模型的形式，从根本上避免了多重共线性问题的产生，但也在一定程度上牺牲了对于不同学习效应的区分研究。

（4）在应用学习曲线方法研究可再生能源技术变化过程时，如何分析技术学习的潜力。在可再生能源技术变化过程中，学习潜力在相关研究中扮演着极为重要的角色。但是可再生能源技术发展的潜力和成本下降的下限无法提前认知，这也给相关研究带来了较大的困难。在研究铅蓄电池的成本下降过程时，Matteson 和 Williams（2015）提出了相关电池的原料投入量在研究阶段和未来时期内保持恒定（即电池技术的能量强度恒定）的假设，但是在分析铅蓄电池技术的发展潜力时，他们又认为铅蓄电池的成本降低主要是由电池技术的能量强度提高所引起的，这一理念与前面其所做出的假设条件相悖。由此可知，技术的学习潜力问题，如果未能合理处置，将提高相关研究的难度并给研究结果的可靠性带来一定的挑战。对于技术的学习潜力分析，S-曲线提供了一个较为合适和有效的思路。Schilling 和 Esmundo（2009）在分析可再生能源技术选择时构建了一个 S-曲线来探讨技术发展潜力的限制。

综上所述，由于缺乏成熟的理论支撑，应用学习曲线方法分析可再生能源技术变化问题时往往会面临上述几个关键的挑战。这些挑战若处理不当，将对研究结果的可靠性和科学性造成较大的影响。因此，在构建具体的学习曲线模型过程时，针对上述挑战所进行的模型调整、参数和情景的设定等均需要引起格外的注意。在实际研究过程中，必须对相关技术的特征、所选时间段内的外生变量的变化、研究区域的特殊性等进行充分考量，构建一个具有针对性的学习曲线模型框架，从而保证相关研究结果的可靠性。

6.6　本 章 小 结

对可再生能源技术变化过程有一个充分的了解对相关资源的分配、政策的设计和系统建模等均具有十分重要的意义。本章对学习曲线方法在可再生能源技术变化过程研究中的应用相关的问题和约束等进行了理论层面的探讨和分析。对应用学习曲线方法分析可再生能源技术的原因、优势、前提条件要求、指标和数据选择、模型框架构建和该方法应用过程中的注意点等从理论层面进行了系统性的分析。根据本章的分析结果，在应用学习曲线分析可再生能源技术变化过程中，需要注意以下几点：第一，SFLC 是分析可再生能源技术学习效应的最简洁的形式；第二，学习曲线模型构建过程中指标的选取也需要注意其理论基础与现实意义；第三，可以通过将学习曲线方法与成本分解、分阶段回归等方法结合进行有针对性的设计，或者通过联合学习效率的概念等对方法的改进来提高相关研究结果的可靠性。

第7章 基于过程划分的需求侧可再生能源技术扩散建模

7.1 引 言

针对可再生能源，我国相继出台了一系列文件，并提出了可再生能源相关的发展和应用目标。达成上述目标的首要前提是实现可再生能源技术对传统能源技术的替代。随着可再生能源技术应用规模的不断增大，政策推动效力逐渐减弱，如何优化激励政策的成本有效性和效率成为可再生能源技术进一步发展和上述目标实现的核心问题之一。对可再生能源技术扩散的过程、特征及规律的把握更是解决上述问题的前提和关键。

成本变化和政策激励是可再生能源技术扩散过程中供给推动作用的关键影响因素（Hall，2007；Fabrizio et al.，2017；Weiss et al.，2010；Popp et al.，2011；Strantzali and Aravossis，2016；Strupeit and Palm，2016）。技术成本是决定可再生能源等新兴技术市场化发展能否成功的基本前提（Matteson and Williams，2015；Kumar and Agarwala，2016），因此许多学者针对区域技术创新能力形成、技术的成本变化趋势及影响因素展开讨论，进而对可再生能源技术的发展情况进行预测和分析（McDonald and Schrattenholzer，2001；Junginger et al.，2005；Nemet，2006；邵云飞和谭劲松，2006）。此外，通过影响研发、生产和应用过程，政府政策对可再生能源技术的成本和经济效益产生重要作用，从而成为可再生能源技术供应侧的关键推动力之一（Jimenez et al.，2016）。

Jacobsson 和 Lauber（2006）通过对德国风电和光伏发电技术扩散的研究，提出不同地区的扩散速度存在较大差异，导致技术扩散的区域差异；Boie（2016）将激励政策划分为生产激励和投资激励两种类型，基于此分析了相关经济政策的作用效果。考虑主体间的相互作用，张国兴等（2014）基于政府与企业在节能减排补贴申请与发放过程中的博弈状态，探讨了补贴政策的效率和最优边界问题。钟渝等（2010）以光伏并网发电技术为例，从企业的最优投资时机出发，分析了光伏发电成本最优补偿策略。李力等（2017）和李庆等（2015）进一步将政策的不确定性引入优化决策模型中，分析其对可再生能源电力投资的优化决策的影响。

在需求拉动问题研究中，由社会学习引起的新技术或新产品的信息传播称为技术扩散过程（Bass，1969；Mahajan et al.，1990）。这一定义指出一项新技术在市场中的消纳可以强化公众对其价值的认知，从而扩大其潜在需求（Alizamir et al.，2016；Geroski，2000；Rao and Kishore，2010；赵保国和余宙婷，2016）。Bollinger和 Gillingham（2012）测算了同群效应对光伏发电技术扩散的促进作用。结合供需双侧的作用，Alizamir 等（2016）考虑技术创新、扩散和企业决策行为等因素的影响，研究了企业的延迟投资战略、光伏技术扩散特征和光伏上网电价的优化等问题（Alizamir et al.，2016）。社会认可度对可再生能源技术的扩散具有重要的影响（Viklund，2004）。社会对可再生能源技术的接受程度一方面受技术的相关特征（经济效益、可靠性等）影响，另一方面受商业环境、心理、社会和机构等因素的作用（Islam，2014；Kardooni et al.，2016）。Batley 等（2001）指出，存在许多过高的可再生能源技术规划目标与较低的社会认可度冲突的案例。Kardooni等（2016）和 Boie（2016）分析了社会认知和社会认可度对可再生能源技术扩散的影响，强调了社会对可再生能源技术认知和接纳、对技术创新的包容、对不同技术的公平态度等要素的重要意义。

对可再生能源技术扩散驱动因素的研究已经取得了丰富的成果。现有研究主要围绕一些因素的影响进行具体分析，对不同因素的系统整合较少，不利于全面地把握技术扩散的过程和影响因素；此外，现有的分析无法完全反映可再生能源技术扩散过程中的区域差异性、政策效率递减性、发展速度有限性等特征。本章在系统梳理可再生能源技术变化基本规律和驱动因素的基础上，结合可再生能源技术扩散个体行为的群体表现，从过程划分视角构建技术扩散模型并分析其特征。

7.2　可再生能源技术扩散过程建模

7.2.1　可再生能源技术扩散过程划分

可再生能源技术扩散是一个涉及多主体、多阶段的过程，具有特定的规律和基本特征。投资者对新技术的态度取决于其对技术的认知程度和对技术未来发展的信心（Szulecki，2017）。拓展 Alizamir 等（2016）、Bollinger 和 Gillingham（2012）的研究思路，本章根据投资者的动态变化，将可再生能源技术扩散的过程分为技术获悉、效益计算和技术认可三个阶段，如图 7.1（a）所示。

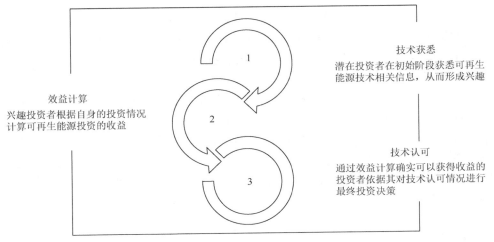

(a) 可再生能源技术扩散的不同阶段

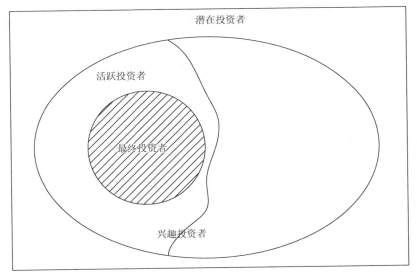

(b) 可再生能源技术不同类型投资者之间的关系

图 7.1　可再生能源技术扩散过程

技术获悉阶段是投资者获悉可再生能源技术相关信息的过程，是技术扩散的初始阶段。区域内不了解可再生能源技术的投资者为潜在投资者，潜在投资者通过新闻媒介等渠道获取相关信息，形成对技术的兴趣。潜在投资者获得的信息达到信息充分阈值后[图 7.1（b）]，即变为兴趣投资者。

效益计算是可再生能源技术扩散的核心阶段。获得经济收益是投资者投资可再生能源技术的重要前提（Kumar and Agarwala, 2016；Chu and Majumdar, 2012）。

如图 7.1（b）所示，兴趣投资者的预期收益达到经济收益阈值后变为活跃投资者。技术的经济收益由成本和产出效益计算得到；前者在技术研发和规模效应等要素影响下，呈现动态变化特征（Nemet，2006；Yu et al.，2011；Rubin et al.，2015），后者受资源分布等影响，具有空间差异性。

技术认可是可再生能源技术扩散的最终实现阶段。活跃投资者对可再生能源技术的接受程度达到一定阈值[技术认可度阈值，如图 7.1（b）所示]后即转化为最终投资者。技术认可度是可再生能源技术在社会中受到的认可程度，既受到市场环境（技术应用规模、电力价格、投资成本等）的影响（Alizamir et al.，2016；Bollinger and Gillingham，2012），也受到环境压力、激励政策、社会包容程度等外部因素的影响。

7.2.2　技术获悉

技术获悉阶段，技术应用规模越大，投资者接收到技术信息的程度越高，技术信息扩散的速度可以由式（7.1）表示：

$$I_t = nM_{t-1} \tag{7.1}$$

式中，I_t 为当前阶段技术信息传播速度，即第 t 时段获悉可再生能源技术信息的投资者规模，也指 t 时期内由潜在投资者转为兴趣投资者的规模；n 为信息在区域内的传播系数；M_{t-1} 为第 $t-1$ 期末（即第 t 时期初）可再生能源技术的应用规模。

若考虑可再生能源技术扩散的区域差异性，$I_{i,t}$ 可由式（7.2）表示：

$$I_{i,t} = n_i M_{i,t-1} \tag{7.2}$$

式中，$I_{i,t}$ 为区域 i 当前阶段技术信息传播速度；n_i 为技术在区域 i 内的传播系数；$M_{i,t-1}$ 为区域 i 第 $t-1$ 期末可再生能源技术的应用规模。不同区域由于社会网络、人际交流等信息传播环境不同，其传播系数 n_i 具有一定的差异性。

7.2.3　效益计算

可再生能源技术应用的经济效益主要源于能源供应过程。考虑资金的时间价值，单位装机容量的可再生能源技术在生命周期内的经济收益如式（7.3）所示：

$$p_t = \sum_{i=0}^{T-1} r^i \gamma_t H = \frac{1-r^T}{1-r} \gamma_t H \tag{7.3}$$

式中，p_t 为单位装机容量生命周期经济收益；r 为年折现率；γ_t 为可再生能源供应价格（上网电价）；T 为系统全生命周期；H 为系统的年设计运行时间。

受资源环境等约束，可再生能源技术的实际能源转化效率小于设计值，即存在效率 θ（$0 < \theta < 1$），使每单位装机容量单位时间内的实际能源供应量为设计

供应量的 θ 。因此，能源投资者单位装机容量实际可获得的收益为 $p_t\theta$ 。投资者的单位投资净收益 σ_t 为

$$\sigma_t = p_t\theta - c_t \tag{7.4}$$

式中，c_t 为单位投资成本。

由定义可知，满足 $\sigma_t \geqslant 0$ 的投资者才能成为活跃投资者，即满足 $1 \geqslant \theta \geqslant \dfrac{c_t}{p_t}$ 。定义 $f(\theta)$ 为区域内投资者效率分布的密度函数，效率分布区间为 $[\underline{\theta},1]$ ，其中 $\underline{\theta}$ 为区域内可再生能源转化效率的最低值。$f(\theta)$ 满足：

$$\int_{\underline{\theta}}^{1} f(\theta)\mathrm{d}\theta = 1 \tag{7.5}$$

区域内活跃投资者比例可由式（7.6）计算得到：

$$K(c_t, p_t) = \int_{\frac{c_t}{p_t}}^{1} f(\theta)\mathrm{d}\theta = \begin{cases} 1, & 0 < \dfrac{c_t}{p_t} \leqslant \underline{\theta} \\ \int_{\frac{c_t}{p_t}}^{1} f(\theta)\mathrm{d}\theta, & \underline{\theta} < \dfrac{c_t}{p_t} \leqslant 1 \\ 0, & \dfrac{c_t}{p_t} > 1 \end{cases} \tag{7.6}$$

式中，$f(\theta)$ 可以为均匀分布、正态分布等多种形式（郭晓丹等，2014）。$f(\theta)$ 分布形式的差异反映了区域间可再生能源技术应用环境分布的差异。$f(\theta)$ 的差异还包括参数的差异，若 $f(\theta)$ 为均匀分布的密度函数，则参数差异主要指区域可再生能源技术应用效率最低值 $\underline{\theta}$ 的差异。此外，区域的差异也可能导致分布密度函数的结构差异。

7.2.4　技术认可

社会对新兴技术的具体认知一般较为局限，因此可再生能源技术投资者的判断往往受社会认知（Kardooni et al.，2016）、能源消费水平（Ghosh and Ganesan，2015）、支付意愿（Li et al.，2009；Mozumder et al.，2011）、使用偏好（Ghosh and Ganesan，2015）等主观态度的影响。根据"同群效应"对技术认可度的影响（Bollinger and Gillingham，2012），本书构建了如式（7.7）所示的技术认可度计算模型：

$$A_t = \alpha M_{t-1} + E(x_i) \tag{7.7}$$

式中，A_t 为 t 时期可再生能源技术在区域内的社会认可度，即活跃投资者转变为最终投资者的可能性；α 为同群效应对技术认可度的影响系数，即现有技术应用规模每增加一单位，活跃投资者转变为最终投资者的概率增加 α ，现有技术应用

规模越大，最终投资可再生能源技术的可能性越大；$E(x_i)$ 为其他因素对可再生能源技术认可度的影响，x_i 可以是可再生能源技术初始投资、现有可再生能源技术应用效果等。

投资者对可再生能源技术的认可度主要受已有应用规模影响，本书假设式（7.7）中 $E(x_i)=0$，则投资者技术认可度可以通过式（7.8）来表示：

$$A_t = \alpha M_{t-1} \tag{7.8}$$

7.2.5　可再生能源技术扩散模型

根据可再生能源技术相关投资者状态的解析，基于式（7.1）、式（7.6）、式（7.8），区域内新增可再生能源技术应用规模如式（7.9）所示：

$$
\begin{aligned}
m_t &= I_t(M_{t-1})K(c_t, p_t)A_t(M_{t-1}, x_i) \\
&= nM_{t-1}\int_{\frac{c_t}{p_t}}^{1} f(\theta)\mathrm{d}\theta \times \alpha M_{t-1}
\end{aligned} \tag{7.9}
$$

式中，m_t 为第 t 期内新增可再生能源技术应用规模。

通过乘积的形式构建可再生能源技术扩散模型，一方面，可再生能源技术扩散过程中各阶段相互依存，呈现串联式的逻辑关系，即可再生能源技术的最终扩散过程必须经上述所有三个阶段（Alizamir et al.，2016）；另一方面，利用乘积的形式，可再生能源技术扩散速度内含数学期望的意义，从而可以消除实践过程中效益计算和技术认可子过程前后触发顺序的差异的影响。

7.3　可再生能源技术扩散特征分析

7.3.1　可再生能源技术扩散的速度有限性

定理 7.1　n 一定时，$\exists \hat{m} > 0$，$\forall \frac{c_t}{p_t} > 0$，有 $m_t \leqslant \hat{m}$。

证明：当 $\frac{c_t}{p_t} > 1$ 时，由式（7.6）可知，$K(c_t, p_t) = 0$，代入式（7.9）可得 $m_t = 0$，对于任意 $\hat{m} > 0$，$m_t \leqslant \hat{m}$。

当 $\underline{\theta} \leqslant \frac{c_t}{p_t} \leqslant 1$ 时，根据式（7.5），有 $K(c_t, p_t) \leqslant 1$，根据技术认可度的定义，有 $\alpha M_{t-1} \leqslant 1$，即 $A_t \leqslant 1$，代入式（7.9）中可得 $m_t = I_t K(c_t, p_t)A_t \leqslant I_t = nM_{t-1}$。此时，存在 $\hat{m} = nM_{t-1}$，使 $m_t \leqslant \hat{m}$。

当 $0 \leqslant \dfrac{c_t}{p_t} \leqslant \underline{\theta}$ 时，根据定义，$K(c_t, p_t) = 1$，同时，$A_t \leqslant 1$，代入式（7.9）中可得 $m_t = I_t K(c_t, p_t) A_t \leqslant I_t = n M_{t-1}$。此时，存在 $\hat{m} = n M_{t-1}$，使 $m_t \leqslant \hat{m}$。证毕。

由定理 7.1 可知，可再生能源技术扩散各个阶段呈现发展速度有限性。因此政府在制定可再生能源发展规划的过程中，规划目标必须在合理范围（推论 7.1）内才能保证其可实现性。

推论 7.1　对于区域可再生能源技术扩散发展规划目标 $\tilde{m}$，存在一个阈值 $\hat{m}$，当 $\tilde{m} > \hat{m}$ 时，该目标不可实现，即规划缺乏有效性。$\hat{m}$ 的大小主要与技术扩散系数和当前发展水平相关。

由推论 7.1 可知，区域可再生能源技术发展规划目标必须满足现有技术应用规模和区域扩散系数的约束，从而保证目标的可实现性和相关规划的有效性。此外，如推论 7.2 所示，可再生能源技术扩散初期具有政策依赖性（Chu and Majumdar，2012；李力等，2017；李庆等，2015）。

推论 7.2　可再生能源技术扩散初期，政策是其主要驱动力。

由定理 7.1 可知，当 $\dfrac{c_t}{p_t} > 1$ 时，可再生能源技术的扩散速度为 0。$\displaystyle\int_{\frac{c_t}{p_t}}^{1} \theta \mathrm{d}\theta = 0$，此时有 $m_t = 0$，需要促进技术成本的下降，提高净收益，加快技术扩散的速度。在可再生能源技术发展初始阶段，高成本是关键阻滞因素，遵循电力市场价格，可再生能源技术的扩散速度为 0。因此，必须通过政策激励手段提升可再生能源价格（上网电价）或降低成本（如装机补贴、税收优惠等政策）。

7.3.2　可再生能源技术扩散的区域差异性

定理 7.2　式（7.9）中，下述条件的差异均可能造成 m_t 的不同。

（1）扩散系数 n。

（2）区域能源转化效率的最小值 $\underline{\theta}$。

（3）效率分布密度函数 $f(\theta)$ 的分布结构。

证明：（1）设若存在两个传播系数 $n_1 \neq n_2$，根据式（7.9），$m_{t,1} = n_1 M_{t-1} \displaystyle\int_{\frac{c_t}{p_t}}^{1} f(\theta)$

$\mathrm{d}\theta \cdot \alpha M_{t-1}$，$m_{t,2} = n_2 M_{t-1} \displaystyle\int_{\frac{c_t}{p_t}}^{1} f(\theta) \mathrm{d}\theta \cdot \alpha M_{t-1}$，则有 $m_{t,1} \neq m_{t,2}$。

（2）设若存在两个区域可再生能源技术应用过程中能源转化效率所在区间分别为 $[\underline{\theta_1}, 1]$ 和 $[\underline{\theta_2}, 1]$，且 $\underline{\theta_1} < \underline{\theta_2}$，两个区域内可再生能源技术应用效率分布（$f_1(\theta)$，$f_2(\theta)$）服从同样的分布形式，根据式（7.5），$\displaystyle\int_{\underline{\theta_1}}^{1} f_1(\theta) \mathrm{d}\theta = \int_{\underline{\theta_2}}^{1} f_2(\theta) \mathrm{d}\theta = 1$，再由

式（7.9）可知，$m_{t,1} = nM_{t-1}\int_{\frac{c_t}{p_t}}^1 f_1(\theta)\mathrm{d}\theta \cdot \alpha M_{t-1}$，$m_{t,2} = nM_{t-1}\int_{\frac{c_t}{p_t}}^1 f_2(\theta)\mathrm{d}\theta \cdot \alpha M_{t-1}$，则有 $m_{t,1} < m_{t,2}$。

（3）设若两个区域可再生能源技术应用过程中能源转化效率分布区间均为 $[\underline{\theta},1]$，区域 1 在该区间内效率分布服从均匀分布，分布密度函数为 $f(\theta)$；区域 2 在该区间内效率分布服从正态分布，分布密度函数为 $g(\theta)$。由式（7.5）可知，当 $0 < x = \frac{c_t}{p_t} < 1$ 时，$\int_x^1 f(\theta)\mathrm{d}\theta = \int_x^1 g(\theta)\mathrm{d}\theta$ 的解集的基数不超过 2；当 $1 < x = \frac{c_t}{p_t}$ 或者 $0 > x = \frac{c_t}{p_t}$ 时，$\int_x^1 f(\theta)\mathrm{d}\theta = \int_x^1 g(\theta)\mathrm{d}\theta = 1$ 或者 $\int_x^1 f(\theta)\mathrm{d}\theta = \int_x^1 g(\theta)\mathrm{d}\theta = 0$。综上所述，在分布区间 $[\underline{\theta},1]$ 内，$m_{t,1} = nM_{t-1}\int_{\frac{c_t}{p_t}}^1 f(\theta)\,\mathrm{d}\theta \cdot \alpha M_{t-1} = m_{t,2} = nM_{t-1}\int_{\frac{c_t}{p_t}}^1 g(\theta)\mathrm{d}\theta \cdot \alpha M_{t-1}$ 非处处成立，即 $f(\theta)$ 的差异可能造成 m_t 的差异。证毕。

可再生能源技术具有较强的资源依赖性，结合资源分布的空间差异性，可再生能源技术扩散过程呈现区域差异性特征。由定理 7.2 可知，区域差异性的主要来源包括参数的差异性和结构差异性（推论 7.3）。

推论 7.3 可再生能源技术扩散过程呈现区域差异性特征。区域差异的来源包括参数差异和结构差异。其中参数差异包括区域技术信息扩散系数、区域认可度系数、最低能源转化效率等参数的差异，结构差异为可再生能源技术转化效率的区域分布结构的差异。

基于推论 7.3，政府在激励可再生能源技术扩散过程中面临多种政策选择，政策的实施效果取决于区域当前的发展状态。在制定相关激励政策时，需要具体分析区域可再生能源技术扩散的关键阻滞因素，从而有针对性地选择政策措施。

7.3.3 可再生能源技术扩散的政策驱动效率递减特征

定理 7.3 式（7.9）中，当 $0 < \frac{c_t}{p_t} < 1$ 时，$\frac{c_t}{p_t} \to 0$，$\dfrac{\frac{\mathrm{d}m_t}{m_t}}{\frac{\mathrm{d}c_t}{c_t}} \to 0$。

证明：当 $1 \geqslant \frac{c_t}{p_t} > \underline{\theta}$ 时，m_t 对 c_t 的弹性如式（7.10）所示。

$$\frac{\frac{\mathrm{d}m_t}{m_t}}{\frac{\mathrm{d}c_t}{c_t}} = -n\alpha M_{t-1}^2 \frac{1}{p_t} f\left(\frac{c_t}{p_t}\right)\frac{c_t}{m_t} = -\frac{c_t}{p_t} f\left(\frac{c_t}{p_t}\right)\frac{1}{\int_{\frac{c_t}{p_t}}^1 f(\theta)\mathrm{d}\theta} \qquad (7.10)$$

由式（7.10）可知，当 $c_t \to 0$ 时，一方面，$\dfrac{\dfrac{\mathrm{d}m_t}{m_t}}{\dfrac{\mathrm{d}c_t}{c_t}} < 0$，$m_t$ 增加；另一方面，

$$\left| \frac{\dfrac{\mathrm{d}m_t}{m_t}}{\dfrac{\mathrm{d}c_t}{c_t}} \right| = \frac{c_t}{p_t} f\left(\frac{c_t}{p_t}\right) \frac{1}{\displaystyle\int_{\frac{c_t}{p_t}}^{1} f(\theta)\mathrm{d}\theta} \to 0 ，即 m_t 对 c_t 的弹性逐渐减弱。$$

当 $\dfrac{c_t}{p_t} \leqslant \underline{\theta}$ 时，式（7.9）可转化为 $m_t = n\alpha M_{t-1}^2$，此时 $\dfrac{\dfrac{\mathrm{d}m_t}{m_t}}{\dfrac{\mathrm{d}c_t}{c_t}} \equiv 0$，即降低成本对

技术扩散速度没有影响。证毕。

可再生能源技术扩散过程既具有阶段内速度有限性（推论 7.1），也具有阶段间差异性。由定理 7.3 可知，可再生能源技术扩散过程驱动机理具有动态变化特征，即各阶段技术扩散驱动具有差异性。政策推动作为可再生能源技术发展初期的主要驱动力（推论 7.2），随着技术应用规模的逐渐扩大，其作用逐渐减弱。一方面，可再生能源的边际社会效益逐渐减弱，削弱了其政策吸引力（Kriegler et al.，2014）；另一方面，随着可再生能源技术应用规模的扩大，政策驱动的效果逐渐减弱（定理 7.3）。

推论 7.4　可再生能源技术驱动力在不同阶段具有差异性，具体包括以下几点。

（1）当可再生能源收益与单位装机成本相当时，利用降低成本或增加收益的激励手段能够较为有效地促进可再生能源技术的扩散。

（2）随着成本与收益比值逐渐减小，通过降低成本或者增加收益的方式，其驱动效果逐渐降低。

当可再生能源技术应用的净收益较小时，技术扩散对成本降低的弹性较大，此时政府实施技术创新、投资补贴等经济激励政策具有较高的有效性；随着可再生能源技术投资净收益的逐渐增加，通过降低技术成本的方式刺激技术扩散速度的效果逐渐削弱，降低了政策激励的效率。

7.4　算例分析及讨论

光伏发电作为典型的可再生能源技术，其发展过程和前景令人瞩目。中国作为目前世界上可再生能源发展的重要力量，可以较好地反映发展的一般规律和特

征，因此本书选择光伏发电作为可再生能源技术的典型，以中国情景构建算例，对本书模型进行验证和深入分析。

为了探究可再生能源技术扩散的区域差异性，本书设置了 A/B/C 三个区域进行分析，相关参数如表 7.1 所示。各区域已有光伏应用规模与 2016 年我国各省光伏累计装机容量均值（为 3GW）相当，各区域光伏上网标杆电价取我国光伏上网标杆电价中间值[0.75 元/(kW·h)]。为了分析由参数差异引起的区域间技术扩散差异，本书设置 A/B 两个区域光伏利用效率服从均匀分布，其中 A 区域光伏利用效率最低值为 $\underline{\theta}_A = 0.1$[①]，B 区域光伏利用效率最低值为 $\underline{\theta}_B = 0.3$；为了分析由资源分布结构差异引起的区域技术扩散差异，本书假设 A/C 两个区域光伏利用效率的参数相同，即 $\underline{\theta}_A = \underline{\theta}_C = 0.1$，C 区域光伏利用效率服从均值为 0.65、标准差为 0.15 的正态分布。

表 7.1　A、B、C 三个区域光伏技术扩散相关参数

变量	参数	来源
M_{t-1}	3GW	国家能源局统计数据
γ_t	0.75 元/(kW·h)	国家发展改革委的数据
r	0.92	马翠萍等（2014）；陈荣荣等（2015）；Lai 和 McCulloch（2017）；Ouyang 和 Lin（2014）
T	20 年	马翠萍等（2014）；陈荣荣等（2015）；Ouyang 和 Lin（2014）
H	1200h	《可再生能源发展"十三五"规划》；Lai 和 McCulloch（2017）

将表 7.1 中的参数代入式（7.3）可知，单位光伏装机容量的经济收益 $p_t = 9127.2$ 元/kW。

7.4.1　不同区域间可再生能源技术扩散差异性

根据国家发展改革委的统计数据，2016 年我国累计装机约 3GW 的省份年新增装机容量约为 1.6GW，假设三个区域的技术扩散系数均为 1，则可再生能源技术扩散速度满足 $\max\{m_{A,t}, m_{B,t}, m_{C,t}\} \leqslant 3$GW。三个区域的光伏发电技术扩散路径如图 7.2 所示，在实现光伏发电技术规划发展目标时，各区域技术发展的激励政策需求各不相同。

---

① 区域光伏发电能源转化效率最低值可通过统计方法获得，其具体数值在本书研究范围之外，所以本书不针对该参数的获取过程做详细描述。

在实际问题中，区域扩散系数的差异也是引起可再生能源技术扩散区域差异性的参数差异来源之一，由扩散系数差异引起的区域差异性可按照利用效率最低值参数验证过程进行验证，因此本书不做过多论述。

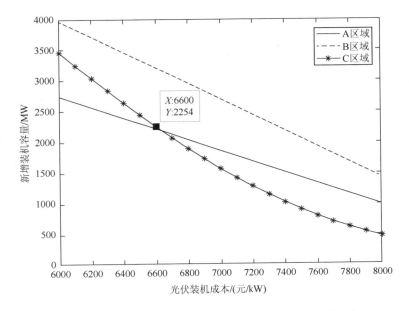

图 7.2 不同技术利用效率分布下可再生能源技术扩散速度

图 7.2 中，A 区域与 B 区域间光伏发电技术扩散速度的差异主要来源于参数差异性，A 区域能源转化效率最低值为 0.1，B 区域能源转化效率最低值为 0.3。若光伏发电规划发展目标为 $\tilde{\theta}$，则 A、B 两区域达到该目标的光伏装机成本 A 区域低于 B 区域，即实现该规划目标需要的经济激励水平 A 区域高于 B 区域。

由图 7.2 可知，当 $\tilde{\theta} < 2.254\,\text{GW}$ 时，正态分布下光伏发电技术达到规划目标需要的装机成本低于均匀分布条件下的装机成本，即在正态分布条件下实现该规划目标需要的经济激励水平高于均匀分布条件下的激励水平；当 $\tilde{\theta} > 2.254\,\text{GW}$ 时，正态分布下光伏发电技术达到规划目标时的装机成本高于均匀分布下实现规划目标时的装机成本，即正态分布条件下实现规划目标需要的经济激励水平低于均匀分布条件下的激励水平。因此，不同应用效率分布下实现光伏发电技术扩散目标的经济激励水平也可能各不相同。

7.4.2 特定区域可再生能源技术扩散驱动力变化

A 区域光伏发电技术扩散速度如下：

$$m_{\text{A},t} = n \times \alpha \times 4 \times \left(\frac{c_t}{p_t(1 - \underline{\theta}_\text{A})} \right) = n \times \alpha \times \frac{9127.2 - c_t}{8214.5} \tag{7.11}$$

式中，A 区域年新增光伏装机容量主要受 n、α、c_t 影响。上述驱动力主要分布在供应和需求两端，图 7.3 给出了不同参数组合下 A 区域的技术扩散曲线。

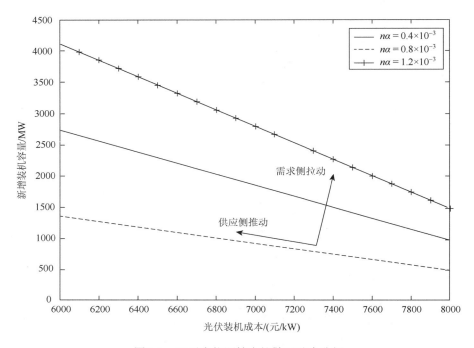

图 7.3   可再生能源技术扩散驱动力分解

图 7.3 中，供应侧推动力为沿曲线方向作用，即通过降低技术成本和价格来刺激需求的增长，在本模型中，n 和 α 乘积一定的情况下，光伏装机成本越低，新增光伏装机容量越高。需求侧拉动体现在不同扩散曲线间的漂移上，在本模型中，该作用主要体现在 n 和 α 的变化上。图 7.3 中，n 和 α 的乘积增大，光伏装机成本和新增装机容量曲线将向上方移动，即在同样装机成本水平下，光伏发电技术需求将变大，新增装机容量增大。需求侧拉动的主要形式包括提高技术认可度、增大区域技术扩散系数、改善技术应用环境等。

7.5   本 章 小 结

解析可再生能源技术扩散过程是构建长期有效的发展路径的基础。本章基于可再生能源技术成本效益、市场扩散和社会认可度等影响因素，从可再生能源技术扩散的主要特征和驱动机理出发，将可再生能源技术扩散过程划分为技术获悉、效益计算和技术认可三个阶段。构建了可再生能源技术的扩散模型，从理论上分析了可再生能源技术扩散速度有限性、区域差异性和政策驱动效率递减性三个特征。根据上述特征，在制定可再生能源区域发展规划时，首先要保证规划目标的可实现性，即所设定的规划目标必须满足可再生能源技术扩散速度上限约束；其次，要根据区域的实际资源分布结构设定合理的政策激励水平，从而提升政策的效率；最后，在制定区域可再生能源发展措施的过程中，要掌握区域发展的特殊性，从信息流通、技术成本和经济效益、社会认可度等方面出发，挖掘区域发展的关键阻碍因素，因地制宜地制定高效的区域可再生能源技术发展策略。

第8章 基于供需双侧的可再生能源技术支持政策优化

8.1 引　言

可再生能源技术在世界范围内获得了迅猛的发展和应用。全球可再生能源电力装机容量目前占总发电装机容量的近24.5%。2017年世界可再生能源新增装机容量约为178GW，约占当年总新增装机容量的70%。此外，光伏发电装机规模达到97GW，约占新增可再生能源发电装机总量的约55%。针对可再生能源的发展，各个国家和地区均提出了各自的发展目标和相应的支持政策。在实现上述目标的过程中，政府的可再生能源支持政策扮演了极为重要的角色。

政策支持是当前可再生能源技术发展的必需因素，但仍然需要对其进行科学、合理的设计。作为新兴的技术，可再生能源技术市场化发展的关键阻碍因素仍然为其高成本和巨额的投入资金需求。因此，在可再生能源技术发展的初期，FIT、投资补贴和电力配额制度等激励政策对其发展做出了极大的贡献。具体而言，作为可再生能源技术前期发展最为成功的政策之一的FIT政策，成功促进了世界范围内约75%的光伏发电技术和45%的风力发电技术发展（Alizamir et al.，2016；Fulton et al.，2010）。

随着可再生能源技术规模化发展的形成，政策成本和效率也逐渐引起了极大的关注。政策支持水平的提高可以提高投资者的收益，却也会增加政府和可再生能源消费者的财政和成本负担。具体而言，可再生能源上网电价的提升会增加政府的财政负担和消费者的电力价格水平，从而降低可再生能源技术的需求。在巨大的政策成本压力之下，一些政府已经开始停止或极大地降低对可再生能源技术的支持水平。此外，在可再生能源技术支持政策设计过程中，政府还需要面临相应的权衡和抉择，即对不同时期的可再生能源技术的支持水平如何设定。一方面，对处于发展初期的可再生能源技术支持过高，意味着对技术效率较低的政策支持过多，进而影响相关政策的效率和经济可行性；另一方面，对发展初期的可再生能源技术支持过低，则对可再生能源技术发展的支持不足，将严重影响可再生能源技术发展目标的实现及持续发展。这也带来了可再生能源技术的政策支持水平在不同阶段应设定在什么范围内的问题。

上述问题的解决亟须对可再生能源技术发展过程具备一个深刻的理解。为此，必须首先对可再生能源技术发展过程中的关键驱动力量进行认知和解读。根据现有的研究，可再生能源发展过程中主要有两类驱动力的作用，分别为供应侧的技术推动力和需求侧的需求拉动力。在此基础上，本章进一步对相关驱动力对可再生能源技术发展的驱动机理及系统框架进行研究。

在供应侧，技术推动是可再生能源技术发展的主要推动力。根据第 4 章和第 5 章的分析可知，现有研究中可再生能源技术变化过程通常通过技术的成本变化进行测度。一般而言，可再生能源技术成本随着累计产量、安装量等经验的积累（LBD）、研发活动的经验积累（LBR）和知识溢出效应等逐渐降低。Strupeit和 Neij（2017）对光伏发电技术成本的动态变化过程进行了总结和综述。根据第 2 章和第 3 章的研究，由 Wright（1936）最先提出的学习曲线方法是用以研究可再生能源供应侧技术变化情况的最广泛同时也是最适合于系统化整合的工具。因此，在构建可再生能源发展系统模型的过程中，本章基于前面的研究选择利用单因素学习曲线方法构建供应侧子系统变化动态过程模型。

需求拉动力是可再生能源技术发展的另一种关键驱动力。需求侧建模的关键挑战在于理解需求拉动对可再生能源技术发展的作用效果及其机理。根据第 5 章的研究，需要结合实证和理论分析的方法评估效用或收益、政策以及社会认可度等多种影响因素在需求侧对可再生能源技术发展的作用机理。可再生能源发展存在两种需求。第一种是对可再生能源技术（包括光伏电池组件、风力发电机等设备）的需求；第二种是可再生能源利用的需求。第二种是第一种需求的主要来源，主要受可再生能源规模化应用的影响，第二种需求主要由消费者的能源消费行为所主导。由于商业规模的可再生能源技术项目是目前可再生能源发展的主要驱动力，因此本书的研究主要集中在对第一种需求问题的分析上。在现有研究中，Rao和 Kishore（2010）对可再生能源需求侧的经济稳定性、激励政策选择、利益相关者观点等影响因素进行了综述。Kök 等（2016）研究了可再生能源电价政策对可再生能源技术投资的影响。Ritzenhofen 等（2016）对于 FIT 和可再生能源配额制度（renewable portfolio standard，RPS）对可再生能源电力市场的结构影响展开了研究。社会认可度和技术投资收益在相关研究中也被识别为影响可再生能源技术扩散的决定性因素。

需求侧的可再生能源技术支持政策主要通过作用于上述两类驱动力来促进可再生能源技术的发展。例如，光伏电力上网电价在前期通常由政府的政策（如 FIT）来规定，这也是当前最为成功和有效的支持政策（Ritzenhofen and Spinler, 2016）。在实践过程中，FIT 等支持政策对可再生能源技术的支持水平呈逐渐下降的趋势。可再生能源支持政策的效率和成功与否在于政府不同时期对可再生能源技术的支持水平，包括对可再生能源项目的补贴额度、可再生能源配额大小和可再生能源电力的收购价格等。上述政策直接决定了可再生能源技术应用投资的收益（Fell,

2009）。具体而言，FIT 所规定的可再生能源电力价格将随着可再生能源技术成本的降低而逐渐下降，从而使相关收益保持在一个较为稳定的水平（Alizamir et al.，2016）。这也加大了对可再生能源支持政策效率分析的需求。从需求侧的角度看，过于激进的支持政策虽然可以吸引更多投资者的注意，但也会在一定程度上造成社会资源的浪费，而过于保守的支持政策则无法有效促进可再生能源技术的发展。

综上所述，国内外诸多学者针对不同驱动因素对可再生能源技术发展的贡献展开了大量的研究工作（Jacobsson and Johnson，2000；Reddy and Painuly，2004；Bollinger and Gillingham，2012）。当前亟须从一个系统的角度来系统地理解上述因素对可再生能源技术发展的整体影响。相关研究工作已经指出结合供需双侧分析可再生能源技术发展的重要性。例如，Raz 和 Ovchinnikov（2015）搭建了一个程式化的框架体系，用以分析结合了供需双侧影响的政府可再生能源技术激励政策设计问题。然而，综合现有的研究工作，对于如何整合供需双侧多种驱动因素来分析可再生能源技术的发展尚未有一个较为系统的和深入的研究和理解。在此基础上进行的对可再生能源支持政策的优化设计也具有十分重要的意义。

为此，本章基于前面的研究结果和思路，通过整合可再生能源供应侧的技术变化和需求侧的技术扩散过程的分析，构建了一个可再生能源支持政策的动态优化模型。旨在加深对可再生能源技术发展过程的系统建模问题的理解和认知，明确其系统结构体系和关键驱动因素，把握可再生能源变化过程的一般规律。首先，构建考虑供需双侧多种因素影响的可再生能源技术发展模型，在此基础上通过对政府政策制定目标的分析，进一步建立政策优化模型。其次，基于上述模型框架，进一步分析可再生能源技术发展过程中的区域差异性、主体偏好和供需双侧交互作用下的技术动态变化等规律特征。特别地，本章通过选择政策成本作为评估可再生能源支持政策绩效和效率的指标，可以有效帮助提高相关政策设计的合理性，实现政策设计的最优化。在此基础上，本书还通过对比政策设计在短期和长期内的区别，突出了考虑供需双侧的交互性和动态性对于可再生能源技术持续性发展以及相关政策科学性的重要意义。

8.2 可再生能源技术发展支持政策优化建模

8.2.1 可再生能源技术变化过程建模

根据第 4 章和第 5 章的研究，在供应侧，可再生能源技术变化过程主要通过追踪其成本的变化进行。具体而言，可再生能源技术的成本降低可能由多种因素导致，包括技术的效率改进、生产经验的积累、技术的创新等。与此同时，作为一种新型的能源技术，成本降低是决定可再生能源技术需求侧市场成功的决定性因素。因此，在供应侧追踪可再生能源成本变化过程有助于对可再生能源技术发展过程进行系统化建模。基于经验学习的理论，从第 5 章的分析结果出发，考虑学习曲线方法不同形式的简洁性和有效性，本章利用 SFLC 构建了可再生能源技术变化模型，即可再生能源成本随着累计生产量的增长而逐渐降低。具体模型如式（8.1）所示：

$$c_t = c_0 \left(\frac{M_{t-1}}{M_0} \right)^{-\alpha} \qquad (8.1)$$

式中，c_t 为第 t 阶段内可再生能源技术的成本，根据第 4 章学习曲线方法的指标组合选取分析，技术的成本指标可以用生产成本、投资成本或电力生产成本等指标来表征，考虑到与需求侧技术扩散过程的耦合需求，此处特指可再生能源技术发电成本；M_{t-1} 为测度可再生能源技术经验积累的指标，本章选择可再生能源技术的累计应用量（即装机容量）进行测度；M_0 和 c_0 分别为初始阶段的累计应用规模和可再生能源技术成本；α 为可再生能源技术学习效率的测度参数。根据第 4 章的分析，与 LBR 不同，在测算 LBD 效应的过程中，由技术的生产活动产生的经验积累时间延迟效应和知识衰减可忽略不计，因此本章未对此进行考虑。

在可再生能源技术学习效率测度的过程中，需要首先明确学习效率的定义和测度方式，本章中，结合式（8.1），学习效率可以定义为 $LR = 1 - 2^\alpha$。根据现有研究结果，光伏发电技术的学习效率因区域的差异性在 11%～18%的范围内变化。此外，Yu 等（2011）还针对学习效率的时间差异性进行了分析。将光伏发电技术的发展过程划分成三个阶段（分别为 1976～1990 年阶段、1991～2001 年阶段和2002～2006 年阶段）。风力发电技术安装和生产过程的经验积累产生的学习效率一般在 4.1%～4.3%的范围内变化（Qiu and Anadon，2012），从 CDM 项目层面数据获得的学习效率约为 4.4%（Yao et al.，2015），中国风力发电 LCOE 测得的学习效率在 3.5%～4.5%范围内（Lam et al.，2017）。在针对发电技术学习效率的研究综述中，Rubin 等（2015）针对学习效率的时间差异性进行了探讨。

此外，利用学习曲线方法分析可再生能源技术供应侧变化还与技术的内生变化理论要求相契合，从而结合了内生技术变化理论在系统建模中的优势。与外生技术变化建模思路不同的是，内生技术变化建模的思路在考虑技术自身发展历史过程中积累的知识储备方面展现了重大的优势（Gillingham et al.，2008）。因此，经验学习理论和学习曲线方法当前在可再生能源技术变化分析中得到了广泛的应用。此外，内生技术变化理论能够将可再生能源技术需求侧对供应侧的作用所引起的知识积累进行较为有效的诠释。具体而言，内生技术变化过程中，可再生能源技术成本随着生产经验的积累而降低，而供应侧可再生能源技术生产量直接受到需求的带动，即可再生能源技术的扩散过程带动了技术生产经验的积累，从而促进了技术成本的降低。这一建模思路可以有效帮助实现可再生能源技术发展过程中的供需双侧耦合分析。外生技术变化的思路将可再生能源技术变化过程主要归结于外部环境因素的影响，从而忽略了技术自身系统发展过程的作用，难以满足系统建模的需求。

此外，若考虑政府投资补贴政策的补贴水平，可再生能源技术的实际成本可以通过式（8.2）计算获得

$$c_t' = c_t - s_t \qquad\qquad (8.2)$$

式中，s_t 为第 t 期内政府对可再生能源技术投资补贴水平；c_t' 为考虑投资补贴后的可再生能源技术实际投资成本。

8.2.2　可再生能源技术扩散过程建模

根据第 5 章的研究，可再生能源技术扩散是一个不同的人对可再生能源技术由不了解到知悉到最终实现技术投资应用的过程。在这一过程中，特定人群内相关知识传播的便捷性、可再生能源技术成本、可再生能源价格竞争力（如可再生能源电力价格）和社会认可度等均对可再生能源技术的市场扩散具有决定性的作用。

现有的可再生能源技术市场扩散过程的研究通常基于巴斯扩散模型及其扩展理论展开。这阐述了新兴技术在群体中被不断接纳的过程，上述过程考虑了潜在采纳者和已有的采纳者之间的交互作用。具体而言，技术采纳者可以依据他们对该技术的反应和态度分为几个类别，包括创新采用者、早期采用者、早期大多数、晚期大多数和落后者（Rao and Kishore，2010）。基于上述理论和定义框架，已有文献中诸多学者分别提出了多种可再生能源技术扩散模型。Alizamir 等（2016）将扩散模型与学习曲线相整合，分析了光伏发电技术的发展过程。在 Alizamir 等（2016）和 Bass（1969）研究的基础上，可再生能源技术扩散过程可以依据投资者状态的变化分为三个阶段，分别为技术获悉、效益计算和技术认可。这一阶段划分过程主要考虑了语言交流（word-of-mouth）和技术经济性等的作用效果。此外，与传统能源技术相比，可再生能源技术扩散过程中其地区和区域差异性更加明显，其对可再生能源技术发展的影响更加巨大，这也是可再生能源技术发展过程的关键特征之一。

在第 7 章的基础上，如图 8.1 所示，技术获悉阶段主要描述了潜在接纳者（或潜在投资者）从现有的接纳者处（包括邻居、朋友和广告宣传等途径）获得足够的可再生能源技术相关信息的过程。根据 Richards 等（2012）的研究，对技

术信息的错误认知和认知不足已经成为可再生能源技术发展的关键阻碍因素之一。具体而言，可再生能源技术的创新技术扩散通常从其信息在特定群体内的传播开始。Reddy 和 Painuly（2004）对个体接收信息的机制和可再生能源技术在社会中扩散的阻滞因素进行了研究。由第 7 章的研究可知，潜在采纳者在获取到足够充分的可再生能源技术信息之后转变为感兴趣的技术投资者（兴趣投资者），可再生能源技术获悉阶段可以转变为活跃的技术投资者的数量可以通过式（8.3）计算获得

$$I_t(M_{t-1}) = nM_{t-1} \tag{8.3}$$

式中，$n(n > 0)$ 为测度信息在群体中传播速度的参数；本书中假设每位投资者将投资固定水平的可再生能源技术的应用规模，从而有助于理解投资者状态转移和可再生能源技术扩散之间的关系，这一假设也与 Alizamir 等（2016）中的假设一致。$I_t(M_{t-1})$ 的计算公式则设定了在第 t 期内，潜在采纳者转变为活跃投资者的数量；M_{t-1} 为第 $t-1$ 期末（即第 t 期初）可再生能源技术的应用规模。

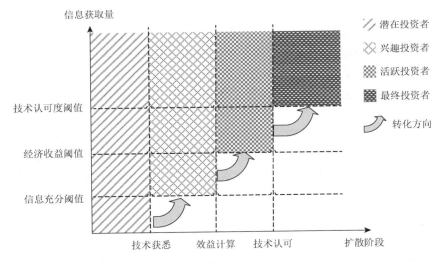

图 8.1　可再生能源技术扩散过程及技术采纳者变化

在第二个阶段（即效益计算阶段），兴趣投资者会根据自身的应用环境条件和技术条件计算其投资可再生能源技术的期望收益。技术经济性是投资可再生能源技术的关键影响因素之一。基于理性人的假设，在所有的兴趣投资者中，只有那部分可以获得经济收益的投资者（即其所计算的期望投资收益为正）才会考虑进行可再生能源技术的投资。正如 7.2.2 节中所述，可再生能源技术的投资收益受到可再生能源价格、技术成本和技术的转化效率影响。此外，可再生能源技术的一

个重要特征是其在不同的应用环境中实际的转化效率差异较大。因此，本章引入了一个效率参数来测度可再生能源技术在不同区域或不同阶段内转化效率的差别（Alizamir et al.，2016；Hu et al.，2015）。根据 7.2 节中对可再生能源技术效率 θ 的假设，其应在 $[0,1]$ 范围之内，且应满足特定的概率密度分布形式 $f(\theta)$。则投资者的期望投资收益为正的条件为 $\theta p_t \geqslant c_t$，即 $\theta \geqslant c_t / p_t$。因此，感兴趣的投资者中能够获得实际的技术投资收益的投资者占比为 $F(\theta) = \int_{\frac{c_t}{p_t}}^{1} f(\theta) \mathrm{d}\theta$，其中 $0 \leqslant F(\theta) \leqslant 1$。在此基础上，会考虑进行可再生能源技术投资的投资者（活跃投资者）数量可以通过式（8.4）计算获得

$$B_t(M_{t-1}, c_t, p_t) = I_t(M_{t-1}) \int_{\frac{c_t}{p_t}}^{1} \mathrm{d}F(\theta) = nM_{t-1} \int_{c_t / p_t}^{1} \mathrm{d}F(\theta) \qquad （8.4）$$

式中，$B_t(M_{t-1}, c_t, p_t)$ 为能够获得收益的投资者的可再生能源技术投资规模。根据式（8.4），可再生能源技术投资的收益与项目的气候条件、周围的环境和可再生能源电网的消纳能力等因素息息相关。例如，电网的消纳能力越强，可再生能源发电技术并网发电的量越大，则参数 θ 的值越高，可再生能源技术扩散速度越快。这也意味着提高可再生能源电力的电网消纳能力能够有效促进可再生能源技术的扩散过程。若考虑弃风、弃光等可再生能源技术的无效运行情况，设可再生能源系统有效应用的比例为 μ，则技术投资收益的计算条件可以转化为 $\theta \mu p_t \geqslant c_t$，弃风、弃光的比例即为 $1 - \mu$。上述分析阐释了市场的需求拉动作用对可再生能源技术发展的影响。

　　可再生能源技术扩散的第三个阶段主要关注投资者对可再生能源技术的主观偏好，即可再生能源技术的社会认可度。投资者将根据其对可再生能源技术的偏好最终决定是否实施对可再生能源技术的投资。为了对可再生能源技术的社会认可度具有一个更加深刻的认知和理解，Bollinger 和 Gillingham（2012）、Liu 等（2013）、Fischlein 等（2010）和 Schaefer 等（2012）等国内外诸多学者针对可再生能源技术社会认可度对技术发展的影响、考虑投资者偏好的政策设计等开展了广泛的研究。而引入技术社会认可度的理论，则并非所有能够获得技术投资收益的投资者会最终进行可再生能源技术投资。对于所有活跃投资者（即所有能够获得投资收益的人），其最终的投资决策都将受主体的偏好影响，这也会对可再生能源技术的最终采用与否带来一定的不确定性。同时这也解释了为何在实际发展过程中存在诸多具有可观的投资收益却最终未能实现可再生能源技术投资的案例。然而，将技术的社会认可度与可再生能源技术整合建模的研究尚未受到足够的关注，现有的研究主要集中在对社会认可度的影响因素方面，包括公众的心理认知、经济因素、知识和信息的传播等（Devine-Wright，2005；Mallett，2007；Wüstenhagen et al.，2007）。例如，Park 和 Ohm（2014）针对韩国公众对可

再生能源技术的态度变化及其影响因素进行了研究，并专门对福岛核电站事故的影响展开了分析。考虑到语言交流和同群效应的作用，活跃投资者对现有可再生能源技术项目的绩效的认知将对其对可再生能源技术的信心和态度产生决定性的影响。因此，根据 Bollinger 和 Gillingham（2012）的研究，本书选取了当前可再生能源技术的应用规模作为测度可再生能源技术社会认可度的关键指标。在此基础上，投资者最终实施可再生能源技术投资的概率可以通过式（8.5）计算得知：

$$A_t(M_{t-1}) = kM_{t-1} \qquad (8.5)$$

式中，$k(k > 0)$ 为测度当前可再生能源技术装机容量对技术的社会认可度影响的参数；$A_t(M_{t-1})$ 为投资者可能接受可再生能源技术投资的概率。

基于上述分析，考虑到可再生能源技术扩散的三个阶段的变化情况，一个时期内新增可再生能源技术应用或采纳的规模（即可再生能源技术的扩散速度）可以通过式（8.6）计算获得

$$m_t = B_t(M_{t-1}, c_t, p_t) A_t(M_{t-1}) = nM_{t-1} \int_{\frac{c_t}{p_t}}^{1} \mathrm{d}F(\theta) kM_{t-1} \qquad (8.6)$$

式中，m_t 为第 t 期新增装机容量的可再生能源技术在第 t 期的扩散速度。

8.2.3　可再生能源发电 FIT 政策

FIT 政策主要通过保证技术投资的高收益来保持可再生能源技术的市场竞争力。具体而言，FIT 政策为可再生能源技术提供了政府设定的上网电价，通过政府的干预使这一价格高于传统能源发电技术的并网电价，从而吸引可再生能源技术的市场投资，进而促进可再生能源技术的发展。FIT 政策提出的同时也产生了相应的政策成本，即作为可再生能源技术投资收益而支付给相关项目投资者的成本。

在本书的研究中，FIT 的政策成本定义为：根据 FIT 政策所设定的可再生能源项目并网电价，最终累计支付给投资者的总费用成本。在现实中，对政策成本的忽视会导致政府面临财政负担。以中国为例，根据 FIT 政策，政府对光伏发电项目的上网电价补贴部分的费用支付尚未全部完成。截至 2020 年底，大部分光伏发电项目的 FIT 电价补贴仅支付到了 2017 年的部分，由于政府专项资金的缺口，许多光伏发电项目投资者仍未收到其全部可再生能源项目的收益。由于高昂的政策费用成本，2018 年中国宣布取消光伏发电项目的 FIT 政策转而重视提升光伏发电市场的高质量发展，2019 年上半年，许多投资者放缓甚至暂停了其对光伏发电技术的后续投资。通过计算 FIT 政策所设定的价格与可再生能源技术的总电力生

产量所得到的政策费用成本可以作为测度政府可再生能源技术支持政策效率的指标，它同时也是相关政策设计科学性和合理性的关键测度要素。根据上述现实需求和本书研究的目标与内容设置，本章首先选择最小化 FIT 政策的成本作为可再生能源技术支持政策优化目标来进行相关模型的搭建。

对于单位可再生能源技术装机容量而言，其全生命周期内通过 FIT 政策获得的投资收益计算如式（8.7）所示：

$$p_t = \frac{1 - r^T}{1 - r} \gamma_t H = \beta \gamma_t H \tag{8.7}$$

式中，p_t 为单位可再生能源技术投资全生命周期内获得收益的净现值；γ_t 为根据 FIT 政策设定的第 t 期内新增可再生能源技术项目单位发电量（每 kW·h）的上网电价；H 为可再生能源技术应用中的设计年发电小时数，式（8.7）的计算过程中，可再生能源技术应用（可再生能源发电项目）全生命周期内的上网电价保持恒定是一个基本的假设前提；r 为计算可再生能源技术收益净现值时的资金折现率；$\beta = \frac{1 - r^T}{1 - r}$。

基于可再生能源技术扩散过程的建模，第 t 期内新增的可再生能源技术应用项目全生命周期内的年发电量计算如式（8.8）所示，其综合考虑了在当期内新增的可再生能源技术应用规模和该技术的年发电小时数。

$$G_t(p_t) = n M_{t-1} H \int_{\frac{c_t}{p_t}}^{1} \theta \mathrm{d}F(\theta) \cdot k M_{t-1} \tag{8.8}$$

综合考虑式（8.7）和式（8.8）的计算结果，第 t 期内新增的可再生能源技术应用所产生的 FIT 政策成本净现值的计算如式（8.9）所示：

$$\mathrm{TC}_t(p_t) = \beta \gamma_t G_t(p_t) = \frac{p_t}{H} G_t(p_t) \tag{8.9}$$

FIT 政策的成本指根据可再生能源技术的电力生产量支付给投资者的总金额。在本书的研究中，政策成本也被选为在控制可再生能源技术发展过程中测度相关政策实施效率的指标。

8.2.4 可再生能源技术 FIT 价格优化模型

根据上述分析，本节构建了一个可再生能源技术支持政策优化模型。在促进可再生能源技术发展和分配更多的资金支持在更高效的技术的权衡基础之上，本书提出了一个动态优化的模型来制定最优的可再生能源技术支持政策来促进其持续性发展。

如 8.2.3 节所示,可再生能源支持政策所产生的费用成本是政府在政策设计过程中需要考虑的一个重要问题。随着可再生能源技术在市场中的快速发展与扩散应用,相关支持政策所产生的费用成本已经成为政府的重要财政负担,同时也成为严重阻碍可再生能源技术未来发展的一个关键要素,而整合可再生能源技术供需双侧的发展过程,政策成本也是测度相关政策有效性和效率的重要指标。因此本书选择可再生能源技术支持政策的费用成本作为优化模型的目标,作为当前应用最为广泛且最成功的可再生能源技术支持政策,FIT 的费用成本被选为本书研究的具体问题,为此,本书以最小化 FIT 政策成本为目标设计了 FIT 政策的动态优化模型。其中,模型的优化目标如式(8.10)所示:

$$\min \sum_{t=1}^{T} \frac{p_t}{H} G_t(p_t) \tag{8.10}$$

8.2.1 节和 8.2.2 节中所分析的可再生能源技术发展过程是优化模型的重要约束条件。具体而言,在可再生能源技术支持政策的设计过程中,必须考虑遵循如式(8.1)所示的技术变化和如式(8.6)所示的技术扩散的基本规律特征。此外,可再生能源技术支持政策设计还需要考虑到政府可再生能源发展目标的约束,即所设计的支持政策必须足以促进可再生能源技术的发展,实现政府所设计的目标水平。在模型中具体表现为在所选的研究期间内累计的可再生能源技术装机容量大于或等于一个给定的水平。其数学表现形式如式(8.11)所示:

$$M_T = \sum_{i=1}^{T} m_t + M_0 \geqslant \hat{M} \tag{8.11}$$

式中,M_0 为整个规划期初的初始可再生能源技术应用规模(单位:GW);M_T 为第 T 期末可再生能源技术累计应用规模;$\hat{M}$ 为政府预设的可再生能源技术在规划期末的发展目标水平(单位:GW),根据第 5 章的研究,可以证明存在一个 $\hat{M}$ 的临界值,当政府预设的目标水平大于该值时,该目标将无法实现,从而是一个不合理的目标;T 为整个规划期的时间跨度(单位:年)。

综上所述,可再生能源技术支持政策的动态优化模型如式(8.12)所示:

$$Z_t(\hat{M} - M_{t-1}, p_t) = \min \left(\frac{p_t}{H} G_t(p_t) + Z_{t+1}(\hat{M} - M_t, p_{t+1}) \right), \quad t = 1, 2, \cdots, T-1$$

$$\text{s.t.} \quad c_t = c_0 \left(\frac{M_{t-1}}{M_0} \right)^{-\alpha}$$

$$M_T \geqslant \hat{M} \tag{8.12}$$

式中,$Z_t(\hat{M} - M_{t-1}, p_t) = \min \frac{p_t}{H} G_t(p_t)$ 是一个线性规划模型,8.3.3 节将进行更加具体的讨论。

8.3 可再生能源技术发展的特征和最优 FIT 价格

政策效率测度了激励政策如何驱动可再生能源技术的发展。本书中，一个较高的政策效率表明同样的可再生能源技术发展水平可以在较小的政策成本下实现。边际政策效率主要指边际政策成本在促进可再生能源技术发展过程中的效率。本书中，成本弹性能够帮助理解供应侧旨在降低可再生能源技术投资成本的补贴政策的边际效率；价格弹性则有助于理解需求侧旨在提升可再生能源技术投资收益的政策的边际效率。

8.3.1 技术变化对于可再生能源技术发展的影响

基于 8.2 节中构建的模型，本章进一步分析了可再生能源技术变化对可再生能源技术发展过程的影响，从而分析可再生能源技术发展过程中的一般化规律，具体如定理 8.1 所述。

定理 8.1 p_t 一定时，m_t 对 c_t 的一阶导数（$\dfrac{\mathrm{d}m_t}{\mathrm{d}c_t}$）为负，$m_t$ 的成本弹性（$\dfrac{\mathrm{d}m_t/m_t}{\mathrm{d}c_t/c_t}$）将随着成本的降低而逐渐减小。

证明： m_t 对 c_t 的一阶导数计算可以帮助比较可再生能源技术成本变化对技术扩散速度的影响。其具体的数学计算如式（8.13）所示：

$$\frac{\mathrm{d}m_t}{\mathrm{d}c_t} = -nkM_{t-1}^2 \frac{1}{p_t} f\left(\frac{c_t}{p_t}\right) \tag{8.13}$$

在式（8.13）中，根据本书的分析可知，$n>0$、$k>0$ 且 $f\left(\dfrac{c_t}{p_t}\right)>0$，代入式（8.12）则可以很容易得到 $\dfrac{\mathrm{d}m_t}{\mathrm{d}c_t}<0$。这也表明在第 t 期内，可再生能源技术的扩散速度（m_t）将随着可再生能源技术成本（c_t）的降低而增大。

此外，可再生能源技术扩散速度的成本弹性可以通过式（8.14）进行计算得到

$$\frac{\mathrm{d}m_t/m_t}{\mathrm{d}c_t/c_t} = -\frac{c_t}{p_t} \frac{f\left(\dfrac{c_t}{p_t}\right)}{\displaystyle\int_{\frac{c_t}{p_t}}^{1} f(\theta)\mathrm{d}\theta} \tag{8.14}$$

由式（8.14）可知，$\dfrac{\mathrm{d}m_t / m_t}{\mathrm{d}c_t / c_t}$ 会随着 c_t 的降低而降低。证毕。

根据定理 8.1 可知，随着可再生能源技术的成本不断降低，其扩散速度不断加快，然而扩散速度的成本弹性将不断降低。从技术经济的角度分析，降低可再生能源技术成本可以提高技术的收益和市场竞争力，从而有效地加快技术扩散速度。可再生能源技术扩散的成本弹性可以有效测度技术成本变化推动可再生能源技术扩散的边际效率，表明随着可再生能源技术成本的不断降低，技术变化对于技术扩散的边际作用效果不断降低。这一规律也暗示了，作用于降低可再生能源技术成本的政策效率将随着技术成本的降低而逐渐降低，这一类政策包括初始投资补贴等。

8.3.2　电力价格对可再生能源技术发展的影响

需求拉动是驱动可再生能源技术发展的另一类重要力量。可再生能源技术应用项目的上网电价激励是当前广泛应用的、利用需求拉动促进可再生能源技术发展的方式。可再生能源技术应用项目的并网电价通常可以通过 FIT 政策由政府设定或根据当前的技术成本变化情况决定。在此现实条件下，需要对并网电价变化对可再生能源技术扩散过程的影响进行深入探讨。相关分析结果如定理 8.2 所示。

定理 8.2　给定 c_t，则 m_t 对 p_t 的一阶导数（$\dfrac{\mathrm{d}m_t}{\mathrm{d}p_t}$）为负，且 m_t 对价格 p_t 的弹性将随着 $\dfrac{c_t}{p_t}$ 这一比例的降低而逐渐降低。

证明：m_t 对 p_t 的一阶导数计算可以帮助比较可再生能源并网电价变化对技术扩散速度的影响。其具体的数学计算如式（8.15）所示：

$$\frac{\mathrm{d}m_t}{\mathrm{d}p_t} = p_t(M_{t-1})H'(M_{t-1}, c_t, p_t) + H(M_{t-1}, c_t, p_t)p_t'(M_{t-1}) = nkM_{t-1}^2 \frac{c_t}{p_t^2}f\left(\frac{c_t}{p_t}\right) \quad (8.15)$$

在式（8.15）中，$n > 0$、$k > 0$、$M_{t-1}^2 > 0$、$\dfrac{c_t}{p_t^2} > 0$ 且 $f\left(\dfrac{c_t}{p_t}\right) > 0$，代入式（8.15）则可以很容易得到 $\dfrac{\mathrm{d}m_t}{\mathrm{d}p_t} > 0$。这也表明在第 t 期内，可再生能源技术的扩散速度（m_t）将随着可再生能源并网电价（p_t）的增加而增大。

此外，可再生能源技术扩散速度的电价弹性可以通过式（8.16）计算得到

$$\frac{\mathrm{d}m_t / m_t}{\mathrm{d}p_t / p_t} = \frac{c_t}{p_t} \frac{f\left(\dfrac{c_t}{p_t}\right)}{\displaystyle\int_{\frac{c_t}{p_t}}^{1} f(\theta)\mathrm{d}\theta} \tag{8.16}$$

由式（8.16）可知，$\dfrac{\mathrm{d}m_t / m_t}{\mathrm{d}p_t / p_t}$ 会随着 $\dfrac{c_t}{p_t}$ 的降低而降低，在给定 c_t 的条件下，$\dfrac{c_t}{p_t}$ 将随着 p_t 的增加而降低，则 $\dfrac{\mathrm{d}m_t / m_t}{\mathrm{d}p_t / p_t}$ 将随着 p_t 的增加而降低。证毕。

　　根据定理 8.2，作用于需求侧的支持政策对可再生能源技术扩散的影响也将随着这些政策的激励水平的变化而变化。例如，FIT 这一类的可再生能源技术激励政策可以通过并网价格的调整加快技术的扩散速度。因此需要首先掌握可再生能源技术扩散速度随着电价变动而变化的基本规律。实际上，可再生能源技术上网电价的控制有助于对技术应用投资收益的直接控制，因为可再生能源技术投资收益主要来源于可再生能源电力的并网销售过程。然而，根据定理 8.2，随着并网电价的增加，可再生能源技术扩散的速度也将加快，表明提高可再生能源并网电价的政策有助于促进可再生能源技术的发展和市场扩散，这一政策通过提高可再生能源技术投资收益，从而增大了能够获得非负的可再生能源技术投资收益的投资者的比例，从而加快了可再生能源技术扩散速度，这也与现有研究的结果一致。

　　与此同时，可再生能源技术扩散速度对上网电价的弹性可以帮助测度提升上网电价来推动可再生能源技术扩散的边际效率。由定理 8.2 可知，作用于可再生能源上网电价的政策虽然可以帮助促进技术的扩散，然而随着技术成本和投资收益之间的比率（成本收益比）的降低，相关政策的促进效果和效率会变差。这也说明，在可再生能源技术成本保持不变的情况下，提升可再生能源上网电价这一措施对推动可再生能源技术发展的边际效率逐渐降低。更一般地，若作用于可再生能源技术并网电价政策的电价水平降低速度低于技术成本降低的速度，政策对促进技术发展和市场扩散的效果和效率将不断降低。

8.3.3　可再生能源技术最优 FIT 价格水平

1）服从均匀分布的可再生能源技术转化效率

　　正如 Alizamir 等（2016）所讨论的，可再生能源技术在特定区域内的转化效率分布可能会服从任何一种具备广义增加失效率（increasing generalized failure rate，IGFR）的分布形式。这一条件使可再生能源技术的转化效率分布的概率函数 $F(\theta)$ 可以服从于基本的均匀分布形式。在本书中，假设 $F(\theta)$ 服从 $[\theta,1]$ 区间内的均匀分布，则其计算如式（8.17）所示：

$$F(\theta) = \begin{cases} 0, & \theta < \underline{\theta} \\ \dfrac{\theta - \underline{\theta}}{1 - \underline{\theta}}, & \underline{\theta} \leqslant \theta \leqslant 1 \\ 1, & \theta > 1 \end{cases} \tag{8.17}$$

同时，相应的转化效率的概率分布密度函数如式（8.18）所示：

$$f(\theta) = \begin{cases} \dfrac{1}{1 - \underline{\theta}}, & \underline{\theta} \leqslant \theta \leqslant 1 \\ 0, & \theta < \underline{\theta} \text{或} \theta > 1 \end{cases} \tag{8.18}$$

综合式（8.6）、式（8.17）和式（8.18）中的计算，可再生能源技术的具体扩散速度 m_t，即通常情况下的新增装机容量，在特定的转化效率服从均匀分布的区域内可以通过式（8.19）计算得到

$$m_t = n M_{t-1} \left(\dfrac{1 - \dfrac{c_t}{p_t}}{1 - \underline{\theta}} \right) k M_{t-1} = n k M_{t-1}^2 \left(\dfrac{1}{1 - \underline{\theta}} - \dfrac{c_t}{(1 - \underline{\theta}) p_t} \right) \tag{8.19}$$

在上述条件下，可再生能源技术扩散速度的成本弹性和上网电价弹性的计算结果相同，均为

$$\dfrac{\mathrm{d}m_t / m_t}{\mathrm{d}c_t / c_t} = \dfrac{\mathrm{d}m_t / m_t}{\mathrm{d}p_t / p_t} = \dfrac{c_t}{p_t - c_t} = \dfrac{1}{\dfrac{p_t}{c_t} - 1} \tag{8.20}$$

根据式（8.20）的结果，无论作用于成本降低还是作用于提高上网电价的可再生能源技术支持政策的效果和效率，均由可再生能源技术投资的收益成本比所决定。具体而言，可再生能源技术扩散速度的成本弹性和上网电价弹性均随着收益投资比的增加而降低。在此基础上，随着可再生能源技术变化过程下技术成本的不断降低，若可再生能源上网电价保持不变，则其收益成本比将增大，提高上网电价对促进可再生能源技术发展的边际作用效率将降低，说明 FIT 这一类可再生能源上网电价政策的效果和效率会逐渐降低。若忽略了上述影响，则相关政策所引起的费用成本负担将增大，进而降低可再生能源技术市场扩散速度。

根据上述定理及分析，可再生能源技术并网发电政策所设定的价格水平应当随着技术成本的降低而降低，从而使相关政策的实际效果和效率保持在较高的水平。具体而言，政府应当遵循技术变化的过程动态地调整 FIT 所设定的可再生能源并网电价水平。

2）单阶段可再生能源技术支持政策优化

本节首先分析可再生能源技术支持政策的单阶段优化问题。在这一类问题中，政府将制定其在单个特定阶段时期（如 1 年）范围内的可再生能源技术支持政策的支持水平。在该阶段可再生能源技术发展的目标由政府预先设定。由

于供应侧的技术变化过程对可再生能源技术需求侧的扩散影响具有时间延迟效应，因此在本问题中可再生能源技术成本于整个单阶段时期内保持恒定。此时，式（8.12）中所示的优化模型可以简化为一个单阶段政策优化模型以设计对该阶段内安装的可再生能源技术支持水平。具体而言，FIT 政策所设定的可再生能源上网电价水平被选作为模型的主要决策变量，从而分析政府对 FIT 政策的最优化设计目标。

此外，本问题中还假设可再生能源技术的转化效率 θ 在区域内服从 $[\underline{\theta},1]$ 范围内的均匀分布，其中 $\underline{\theta}$ 为该区域内可再生能源技术的最低转化效率值。根据式（8.7）所示的 FIT 政策的基本理念内涵，决策阶段内新增的可再生能源技术并网发电的电力价格设定为 α_0，且 $p_1 = \beta\alpha_0 H$。此时本问题的目标为寻求最优的 α_0 以保证可再生能源技术当期发展目标 $\hat{m}$ 得以实现，同时保证政策费用成本的效率最高，即没有造成政策成本的浪费。在解决可再生能源技术支持政策的优化模型之前，本章首先分析了可再生能源技术在单阶段内的扩散过程。简化之后的单阶段可再生能源技术政策优化模型如式（8.21）所示：

$$\min \gamma G(p)$$

$$\text{s.t.}\quad m = nM_0\int_{\frac{c_0}{p}}^{1}f(\theta)\mathrm{d}\theta \bullet A(M_0) = \frac{nk}{1-\beta}M_0^2\left(\frac{c_t}{p_t}-\beta\right) \tag{8.21}$$

$$M_0 + \sum_{t=1}^{T}m_t \geqslant \hat{M}$$

$$G(p) = nM_{t-1}H\int_{\frac{c_t}{p_t}}^{1}\theta \mathrm{d}F(\theta)\bullet kM_{t-1} = \frac{1}{2(1-\underline{\theta})}nkM_{t-1}^2H\left(1-\frac{c_t^2}{p_t^2}\right)$$

与多阶段优化问题相比，可再生能源技术供应侧的发展过程对其需求侧的扩散将不足以产生较大的影响。正如式（8.21）所示，在决策期内可再生能源技术的成本被设定为一个常量且与其期初的值保持一致。根据拉格朗日条件，定义函数 $g(p,m,u,\lambda) = \dfrac{p^2-c^2}{2p}\dfrac{nk\beta}{1-\underline{\theta}}M_0^2H + u\left(m - \dfrac{nk}{1-\underline{\theta}}M_0^2\left(1-\dfrac{c}{p}\right)\right) + \lambda(\hat{m}-m)$。结合 KKT（Karush-Kuhn-Tucker）条件，则可知在最优条件下，式（8.20）满足约束条件 $m = \hat{m}$。此时，可再生能源技术应用的 FIT 最优上网电价（p）可以通过式（8.22）计算得到

$$p = \frac{nkc_0M_0^2}{nkM_0^2 - \hat{m}(1-\underline{\theta})} \tag{8.22}$$

结合式（8.22）和式（8.12），对于阶段 T，当状态 M_{T-1} 给定时，该阶段存在唯一最优解。基于此，本书所构建的可再生能源政策动态规划模型存在唯一的最优解。

综上所述，可再生能源技术支持政策的单阶段优化结果显示最有效的可再生能源 FIT 政策上网电价水平下，可再生能源技术新增应用规模刚好与政府预先设定的发展目标一致。这一条件也表明了可再生能源技术供应侧的变化过程在单阶段优化问题中不会产生影响。具体而言，根据拉格朗日条件要求，函数 $g(p,m,u,\lambda)$ 对 p 的一阶导函数为正。这表明随着 FIT 所设计的上网电价的增加，政策的费用成本也将不断增加。结合定理 8.2 可知，新增的可再生能源技术应用规模将随着上网电价水平的提高而增大，因此单阶段优化问题的最优解可以通过由可再生能源技术发展速度达到政府设计的发展目标（即 $m = \hat{m}$ ）这一条件反推得到。

3）多阶段可再生能源技术支持政策优化

在多阶段可再生能源技术支持政策优化问题中，供应侧的技术变化过程将对可再生能源技术需求侧的发展产生重要的影响。具体而言，政府在制定其支持政策的过程中必须对技术变化过程具有一定的认知和理解。结合可再生能源技术在区域内服从均匀分布的假设条件，可以得到如式（8.23）所示的多阶段优化模型。

$$\min \quad \sum_{t=1}^{T} \frac{p_t}{H} G_t(p_t)$$

$$\text{s.t.} \quad c_t = c_0 \left(\frac{M_{t-1}}{M_0} \right)^{-\alpha}$$

$$m_t = nM_{t-1} \int_{\frac{c_t}{p_t}}^{1} f(\theta) \mathrm{d}\theta \cdot A(M_0)$$

$$M_t = M_{t-1} + m_t \tag{8.23}$$

$$M_0 + \sum_{t=1}^{T} m_t \geqslant \hat{M}$$

$$G_t(p_t) = nM_{t-1}H \int_{\frac{c_t}{p_t}}^{1} \theta \mathrm{d}F(\theta) \cdot kM_{t-1} = \frac{1}{2(1-b)} nkM_{t-1}^2 H \left(1 - \frac{c_t^2}{p_t^2} \right)$$

定理 8.3　给定参数 c_0、M_0、n、k、H、$\hat{M}$（或 $\hat{m}$）和 $\underline{\theta}$，则式（8.23）必然存在最优解。在最优条件下，p_t 与 c_t 具有正相关关系。

在可再生能源技术支持政策的多阶段优化问题中，可再生能源技术在各个阶段的发展目标也可以视为一个重要的决策变量，其对政策的费用成本也将产生较为重要的影响。上述条件将对优化模型的结构形成影响，并导致模型存在一个特定的最优解值。此外，与单阶段优化问题相反，在多阶段优化问题中，政府不会给定在各个阶段可再生能源技术的具体发展目标，而是设定可再生能源技术在整个规划期内的发展总目标。根据定理 8.1 和定理 8.2 的分析可知，在第 t 期内，可再生能源技术的发展速度将由当期内技术投资的收益成本比值（即 p_t 和 c_t 之比）决定。

基于拉格朗日函数的概念，定义函数 $\Phi = \Phi(p_t, m_t, u_{1,t}, u_{2,t}, u_{3,t}, \lambda_t)$ 的具体函数计算形式为

$$\Phi(p_t, m_t, u_{1,t}, u_{2,t}, u_{3,t}, \lambda_t) = \sum_{t=1}^{T} \frac{p_t^2 - c_t^2}{2p_t} \frac{nk}{1-\underline{\theta}} M_{t-1}^2 H + \sum_{t=1}^{T} u_{1,t} \left(c_0 \left(\frac{M_{t-1}}{M_0} \right)^{-\alpha} - c_t \right)$$

$$+ \sum_{t=1}^{T} u_{2,t} \left(m_t - \frac{nk}{1-\underline{\theta}} M_{t-1}^2 \left(1 - \frac{c_t}{p_t} \right) \right) + \sum_{t=1}^{T} u_{3,t} \left(M_t - M_{t-1} - m_t \right) + \lambda_t \left(\hat{m} - \sum_{t=1}^{T} m_t \right)$$

根据 KKT 条件的要求，式（8.23）的最优解必须满足式（8.24）～式（8.27）的所有等式约束条件。

$$\frac{\mathrm{d}\Phi_t}{\mathrm{d}p_t} = \frac{nkM_{t-1}^2 H}{2(1-\underline{\theta})} \left(1 + \frac{c_t^2}{p_t^2} \right) - u_{2,t} \left(nkM_{t-1}^2 \frac{\frac{c_t}{p_t^2}}{1-\underline{\theta}} \right) = 0 \tag{8.24}$$

$$\frac{\mathrm{d}\Phi_t}{\mathrm{d}c_t} = -\frac{nkc_t M_{t-1}^2 H}{2p_t(1-\underline{\theta})} - u_{1,t} + u_{2,t} \left(nkM_{t-1}^2 \frac{\frac{1}{p_t}}{1-\underline{\theta}} \right) = 0 \tag{8.25}$$

$$\frac{\mathrm{d}\Phi_t}{\mathrm{d}m_t} = u_{2,t} - u_{3,t} - \lambda = 0 \tag{8.26}$$

$$\frac{\mathrm{d}\Phi_t}{\mathrm{d}M_{t-1}} = -\frac{(p_t^2 - c_t^2)nkH}{2p_t(1-\underline{\theta})} M_{t-1} - \alpha u_{1,t} \frac{M_{t-1}^{-\alpha-1}}{M_0^{-\alpha}} - u_{2,t} \frac{2nkM_{t-1}}{1-\underline{\theta}} \left(1 - \frac{c_t}{p_t} \right) + u_{3,t-1} - u_{3,t} = 0$$

$$\tag{8.27}$$

基于式（8.24）～式（8.27）的计算结果，可以发现原多阶段优化模型存在最优解。同时，根据式（8.24）的计算，在最优解的条件下，可再生能源技术上网电价（p_t）和技术成本（c_t）之间存在一个特定的结构关系，具体如式（8.28）所示：

$$\frac{p_t}{c_t} = \sqrt{\frac{2}{H} \frac{u_{2,t}}{c_t} - 1} \tag{8.28}$$

由式（8.28）可知，在最优的 FIT 政策之下，可再生能源技术应用项目上网电价（p_t）和技术成本（c_t）之间的比值（即收益成本比）与技术成本自身相关，且最优上网电价水平与技术成本呈正相关关系。即随着可再生能源技术变化过程的进行，技术成本不断降低，最优的上网电价水平将呈现一个降低的趋势。

此外，收益成本比还对投资者最终投资时机的决策具有重要的影响。例如，若收益成本比呈现一个上升的趋势，则理性的投资者往往会选择延迟投资行为来获得更多的收益。本章将在后面的部分结合案例针对这一问题进行更加具体的分析和讨论。

8.4　案例分析及讨论

8.4.1　案例描述

江苏省是目前中国光伏发电技术发展最重要的区域之一。目前江苏省已经吸引了全国绝大多数生产和投资企业在该省发展。具体而言，当前中国光伏电池生产规模超过 40% 都在江苏省。此外，江苏省还涵盖了全国总光伏发电技术装机容量的近 10%。江苏省光伏发电技术支持政策的数量、太阳能光照资源以及光伏发电技术的电力生产总量均处于全国的平均水平。基于上述实际条件，本书选择江苏省作为一个典型案例分析其光伏发电技术发展支持政策的优化问题。

本章的案例分析主要关注江苏省内光伏发电技术发展支持政策（即 FIT）对光伏发电并网电价水平的优化设计问题。本案例旨在寻求在 2016～2020 年（"十三五"规划）这段时期内每年江苏省光伏发电上网电价的最优值。基于前面的分析，案例优化模型中的目标是最小化总的政策费用成本。此外，FIT 政策的设计还必须足以支撑光伏发电技术发展目标的实现，即所设计的光伏发电上网电价必须足够大到使光伏技术的市场应用规模扩散速度足够快。上述目标共同构成了案例问题优化的约束条件。

8.4.2　数据和参数选择

本章算例中的规划计算期为 2016～2020 年，我们搜集了江苏省光伏发电技术发展的数据和环境资源数据来分析和求解其在 2016～2020 年间每年最优的 FIT 光伏上网电价水平和技术发展情况。具体地，光伏发电技术的期初成本（c_0）和期初累计装机容量（M_0）（2016 年初）均为 2015 年末的数据测度得到。详细的模型参数和数据如表 8.1 所示，其中，r 为项目的生命周期年份，用于计算 H。

表 8.1　案例分析中的模型参数设定

参数变量	数值
H	1500 h
c_0	8.5 元/Wp
θ	在[0.1，1]范围内服从均匀分布
α	0.152
M_0	4GW
$\hat{M}$	8GW

参数变量	数值
r	90%
n	0.25
k	0.3
Γ	20
T	5

表 8.1 中，江苏省内光伏发电技术的能源转化效率 θ 的最低值（$\underline{\theta}$）为 0.1，其在[0.1, 1]范围内服从均匀分布。根据《江苏省可再生能源发展"十三五"规划》提出的目标，至规划期末（2020 年底）江苏省光伏发电技术的发展目标（$\hat{M}$）为 8GW。而根据第 4 章的分析，光伏发电 LBD 效率一般在−3%～30%范围内，因此本案例选择 10%作为光伏发电技术的技术变化过程学习效率。考虑到技术变化效率的不确定性，本章还提出了另外两种发展情景进行比较分析。这两种情景分别可以定义为技术快速变化的情景（技术变化的学习效率高达 30%）和技术缓慢变化的情景（技术变化的学习效率低至 5%）。

8.4.3　优化结果和讨论

1）最优的 FIT 政策光伏上网电价水平

将上述案例的参数代入本章所构建的动态规划模型中，利用 GAMS 软件计算得到最优的 FIT 政策下光伏发电上网电价水平。在基准情景中，规划期内各个年份的 FIT 光伏上网电价、光伏发电技术的扩散速度以及光伏发电技术变化过程如图 8.2 所示。

在本案例的结果中，最优的 FIT 光伏上网电价水平可以根据光伏发电的技术成本弹性和电价弹性进行解释。根据定理 8.1 和定理 8.2 可知，政府可以通过控制可再生能源技术的投资收益成本比（$\frac{p_t}{c_t}$）保持可再生能源技术发展的速度在期望的水平内（详细的分析见后文）。如图 8.2 所示，在最优的政策水平下，将会有更多的光伏发电技术在规划期的后段得到应用，这也意味着更多的光伏发电技术是在较低的 FIT 光伏上网电价水平下得到投资和应用的。这样可以在有效地降低 FIT 政策所导致的费用成本的同时实现相应的发展目标要求。此外，相关结果显示，更多的政策投入和技术应用均在规划期的后段实现，而在这些阶段技术的状态与规划期前段相比改进了许多，这也说明更多更先进的光伏发电技术得到了应用。上述分析结果表明优化后的 FIT 光伏上网电价政策可以从多个方面提高政策的实施效果和效率。

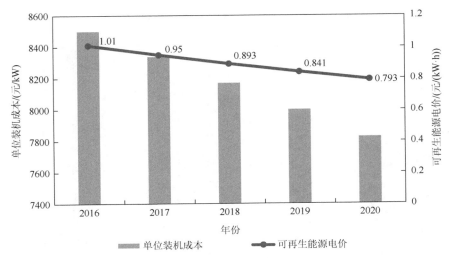

图 8.2　基准情景下最优的 FIT 政策下光伏上网电价和技术发展情况

考虑到供应侧的技术变化过程的不确定性,2016~2020 年江苏省光伏发电最优 FIT 上网电价水平和技术发展情况分别如图 8.3 和图 8.4 所示。为了对光伏发电技术的发展进行更加深入的对比分析和理解,江苏省实际的光伏发电技术上网电价和年度发展数据也在图中进行了展示。值得注意的是,2018 年后,政府已经宣布取消 FIT 政策对光伏发电技术的固定上网电价,当前的上网电价[0.55 元/(kW·h)]仅为政府指导价,这一价格也是政府给出的光伏发电上网电价的上限值。政府上述决策也主要是因为政府的光伏发电技术的发展目标已经得以实现,2017 年,江苏省已经提前实现其 2020 年底的光伏发电发展的 8GW 目标,同时相关政策

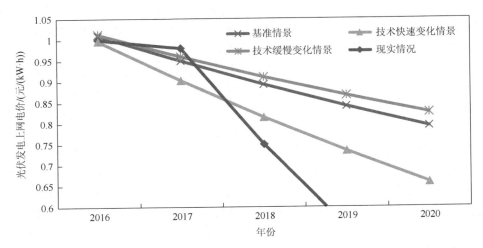

图 8.3　2016~2020 年间江苏省光伏发电最优 FIT 上网电价

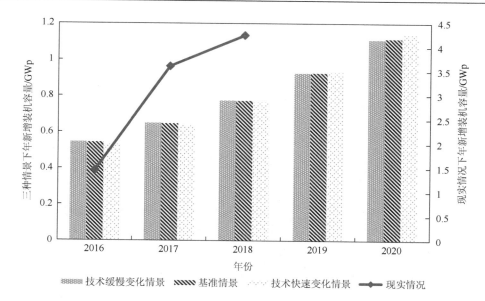

图 8.4 2016～2020 年间最优 FIT 上网电价条件下江苏省光伏发电技术发展情况

的费用成本已经在一定程度上超出了政府的承受能力。但上述做法导致了 2019 年开始江苏省光伏发电技术发展产生了一个停滞状态。

根据图 8.2 和图 8.3 可知，光伏发电技术的最优固定上网价格将随着技术成本的降低而逐渐降低。具体而言，FIT 政策的最优上网电价降低的速度将快于供应侧光伏发电技术成本下降的速度。三种情景下总的 FIT 政策费用成本分别为 395 亿元（基准情景）、353 亿元（技术快速变化情景）和 403 亿元（技术缓慢变化情景）。这也说明供应侧技术变化速度的加快有助于降低光伏发电技术发展支持政策的总费用成本。此外，一个快速的技术变化过程（其学习效率参数 α 较大）有助于促进更加先进的光伏发电技术的应用。

图 8.4 展示了在最优 FIT 政策条件下江苏省光伏发电技术发展情况。相关结果显示，在技术快速变化情景下，光伏发电技术在早期的应用规模相对较小，在规划期后段的应用规模较大。与此同时，不同技术变化情景下光伏发电技术投资的差别与 FIT 政策固定上网电价的差别相比较小。

现实中，江苏省光伏发电技术在 2016～2018 年经历了一个惊人的发展。政府制定的 2020 年最低发展目标在 2017 年就已经得到实现。具体而言，截至 2017 年底，江苏省光伏发电技术累计装机容量达到了 9GW。而在 2016 年和 2017 年光伏发电 FIT 固定上网电价分别为 1 元/(kW·h) 和 0.98 元/(kW·h)。总的政策成本约为 526 亿元，超过了技术缓慢变化情景中最优政策情况下总政策费用成本的 30%。综上所述，本书所构建的优化模型可以从系统的角度有效降低总的政策费用成本，同时提高政策实施的效果和效率。

2）投资者的延迟投资行为

在可再生能源技术发展过程中，投资者的延迟投资行为对可再生能源技术发展将具有十分重要的影响。根据 Zhang 等（2016）和 Zhang 等（2019）的研究，投资者若对未来进行可再生能源技术投资具有更高的收益预期，他们将延迟自身的投资行为。这些行为首先直接降低了可再生能源技术在市场中扩散的速度，进一步地，还会反馈到供应侧的技术变化过程，阻碍技术的发展。基于本书所构建的优化模型和前文的分析可知，投资者的延迟投资行为可以通过可再生能源技术投资的收益成本比 $\left(\dfrac{p_t}{c_t}\right)$ 进行评估。由图 8.5 可知，在最优的政策之下，光伏发电技术的收益成本比呈下降的趋势，从而可以有效地消除理性人假设下的延迟投资行为。

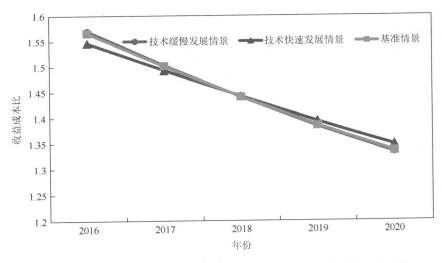

图 8.5　最优的 FIT 政策条件下光伏发电技术的年度投资收益成本比变化

综合图 8.5 的信息和式（8.4）的计算可知，在最优的 FIT 政策（p_t^*）下，能够获得正的投资收益的投资者的比例将逐渐下降。光伏发电技术的成本和收益之比 $\left(\dfrac{c_t}{p_t}\right)$ 将不断增大，这也表明能够获得正的投资收益的投资者比例将逐渐降低。上述分析表明，通过控制 FIT 上网电价水平可以帮助保持可再生能源技术的扩散速度在期望范围内，并且能够消除光伏发电技术中的延迟投资行为及其对技术发展的影响。

　　根据上述分析可知，最优的光伏发电技术支持政策的支持水平应当以比光伏技术成本降低更快的速度下降。正如图 8.5 所示，一个不断降低的光伏发电技术投资的收益成本比暗示了光伏发电上网电价的下降速度比技术成本降低的速度更快。基于式（8.19）的计算，光伏发电上网电价的降低将导致光伏发电技术应用的增加，而光伏发电技术成本的降低则会促进光伏发电技术的扩散应用。本章的研究结果表明了供应侧的技术变化过程对于需求侧光伏上网电价降低对技术发展的消极影响具有一个非常重要的补偿作用。此外，光伏发电技术投资收益成本比也极大地受到了供应侧技术变化过程的影响。如图 8.5 所示，在规划期的前期，供应侧的技术变化过程越快，光伏发电技术的投资收益成本比降低的速度越快。与此同时，在规划期的后期，供应侧的技术变化过程越快，光伏发电技术的投资收益成本比降低的速度越慢。

　　3）可再生能源技术发展目标的制定

　　根据前面内容所述，存在相应的参数 n 和规划期时长 τ 的临界值，可再生能源技术发展目标的实现必须要保证相应的参数高于上述临界值，否则相应的政策不具备合理性和可实现性。

　　设政府的发展目标是实现可再生能源技术累计装机容量达到一个特定水平 $\hat{M}$，给定规划期初的累计装机容量为 M_0。根据前面的分析，可再生能源技术扩散的速度为 $m_t = nM_{t-1}\left(\dfrac{1-\dfrac{c_t}{p_t}}{1-b}\right)kM_{t-1} = nkM_{t-1}^2\left(\dfrac{1}{1-b}-\dfrac{c_t}{(1-b)p_t}\right)$，由定义可知，

$\left(\dfrac{1-\dfrac{c_t}{p_t}}{1-b}\right) \leqslant 1$ 且有 $kM_{t-1} \leqslant 1$，因此可以明显地得到 $m_t \leqslant nM_{t-1}$，同时 $M_t = M_{t-1} + m_t \leqslant (1+n)M_{t-1}$。考虑到政府可再生能源发展的目标，必须满足约束条件 $(1+n)^\tau M_0 \geqslant \hat{M}$。假设有 $\dfrac{\hat{M}}{M_0} = a$，如果给定参数 n，有 $\tau \geqslant \dfrac{\ln(a)}{\ln(1+n)}$。在实现特定的规划期内（$\tau^*$）政府可再生能源发展目标的要求下，必须满足条件 $n \geqslant a^{\frac{1}{\tau^*}}$。

　　4）可再生能源技术变化和政策成本

　　本书研究的关键问题之一是可再生能源供需双侧的发展过程相互之间存在什么样的作用关系，即供应侧的技术变化过程将如何影响需求侧政策实施的效果和效率。本书进一步通过一个敏感性分析来对可再生能源技术变化过程对需求侧最小总政策成本的影响具有更加深入的了解，如图 8.6 所示。

　　本案例中，可再生能源技术供应侧的技术变化过程与需求侧的最小总政策成本存在一个线性相关关系。由图 8.6 可知，一个较大的光伏发电技术学习效率可

以有效帮助需求侧的总政策成本降低。若考虑通过促进技术研发等方式在供应侧提高可再生能源技术学习效率，可再生能源技术发展支持政策的设计过程可以在系统层面得到进一步的改进。例如，设供应侧可再生能源技术的学习效率、技术研发政策成本以及需求侧的总政策成本之间的相互关系如式（8.29）和式（8.30）所示：

$$LR = \varphi_1 \times Spe + \varphi_0 \tag{8.29}$$

$$Dpe = \mu_1 \times LR + \mu_0 \tag{8.30}$$

式中，LR 为可再生能源技术学习效率；Spe 和 Dpe 分别为供应侧的研发政策成本和需求侧的支持政策成本；φ_1、φ_0、μ_1、μ_0 为常量。在此基础上，可再生能源技术发展支持政策的优化可以进一步以最小化供需双侧总政策成本（min (Spe + Dpe)）为目标，以式（8.29）和式（8.30）为约束条件。

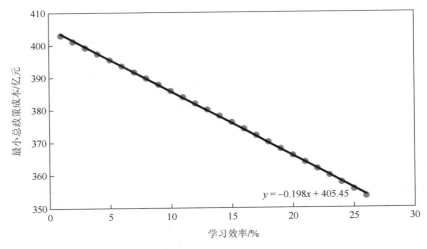

$$y = -0.198x + 405.45$$

图 8.6　可再生能源技术学习效率与最小总政策成本之间的关系

5）可再生能源技术转化效率和支持政策的有效性

在本章所构建的优化模型中，特定区域内的最低可再生能源技术转化效率的值（$\underline{\theta}$）表明存在一个可再生能源技术成本（c_t）和收益（p_t）之比的临界值。当这一比值达到 $\underline{\theta}$ 之后，通过降低可再生能源技术的成本或提高可再生能源上网电价等方式对可再生能源技术发展的促进作用将不再显著。实际上，这一临界值通常由可再生能源技术的应用环境和可再生能源技术发电的电网消纳容量等因素决定。为了保持 FIT 等支持政策促进可再生能源技术发展的效果和效率，可再生能源技术成本和收益之比 $\left(\dfrac{c_t}{p_t}\right)$ 在实现平价上网（即可再生能源技术发电成本不大于传统能源发电成本）之前保持不小于上述临界值 $\underline{\theta}$ 的状态。否则，当可再生能源技术尚未达到平价上网且 $\frac{c_t}{p_t} \leqslant \underline{\theta}$ 时，旨在通过降低可再生能源技术成本或者提高可再生能源上网电价推动可再生能源技术进一步发展的政策实施效果极为有限。此外，当可再生能源技术达到平价上网水平时，旨在提高可再生能源技术上网电价的政策（如 FIT）在推动可再生能源技术进一步发展的过程中其必要性将逐渐降低。这也意味着可再生能源技术的发展将进入一个更新的阶段，需要寻找新的驱动力来代替传统的政策驱动方式促进可再生能源技术的进一步发展。这些新的驱动力包括提高电网对可再生能源发电的消纳能力的实践和政策、电力远距离运输能力建设、提升可再生能源消费需求和可再生能源技术社会认可度等。

8.5　本　章　小　结

本章主要关注可再生能源技术发展支持政策的动态优化问题。通过选择当前世界范围内最为广泛的 FIT 政策作为案例展开。通过聚焦于政策实施的成本效率及其对促进可再生能源技术发展的有效性问题。本章首先为可再生能源技术发展过程研究提供了系统性的分析工具。研究结果表明：第一，控制可再生能源技术投资收益成本比在理论上是实现政策优化、提高技术发展政策效果和效率、促进可再生能源发展的一个重要方式；第二，与现实的政府 FIT 政策实践相比，本章的研究通过对 FIT 政策的优化可以有效帮助政府降低政策的费用成本；第三，可以通过在政策设计的过程中控制可再生能源技术投资的成本和收益之比实现政策资源分配效率的优化；第四，通过控制可再生能源技术投资的成本收益之比可以消除可再生能源技术发展过程中的延迟投资行为；第五，结合可再生能源供需双侧政策作用的基本方式，本章为进一步从系统角度实现供需双侧可再生能源技术发展支持政策（如 FIT 和研发政策）的优化提供了基本的理论思路和模型框架。

第9章 研究结论与展望

9.1 主要结论

以可再生能源技术创新和扩散为主导的能源由污染到清洁、由高碳到低碳的变革是一个长期的、融合渐变和突变的过程，涉及多类技术、多种产业和多个主体，是一个复杂的系统演化过程。在世界范围内，可再生能源技术的发展已经取得了一系列突破性和标志性的成果。一方面，可再生能源技术成本大幅度降低，当前光伏电池组件价格已经低于 2005 年的 10%；另一方面，可再生能源技术的应用规模也取得了令人瞩目的增长。2016 年世界可再生能源新增投资达到了 2004 年的 5.14 倍。在上述背景下，各个国家和地区政府分别提出了各自可再生能源技术发展的目标。但总体来看，由于对可再生能源技术创新和扩散过程的把握不足，世界各国可再生能源的发展还是处于探索性阶段，战略与道路的选择带有一定的随机性，政策的供给带有一定的试探性，带来可再生能源发展过程中的困惑，我国情况也是如此。

本书首先从可再生能源技术研发政策的实施效果出发，对可再生能源技术发展现状进行了系统性的分析和讨论，其次分别对供应侧的技术变化过程和需求侧的技术扩散过程进行了描述和建模拟合，在上述研究基础之上，本书系统性地分析了供需双侧可再生能源技术发展驱动力的相互耦合作用，并结合供需双侧的技术发展构建了可再生能源技术发展支持政策动态优化模型。研究的主要结论包括以下几方面。

（1）政府的研发政策体系对可再生能源技术发展的促进作用具有系统性和复杂性的特征。一方面，当前各国政府的研发政策对于可再生能源技术成本的降低具有较为明显的成效。在相关政策的作用下，可再生能源技术成本有了极大的降低，光伏电池组件的价格低于 2005 年的 10%，而可再生能源技术的生产供应规模也有了令人瞩目的发展，世界年光伏电池组件产量一直呈现指数级增长趋势。另一方面，当前的政策框架体系主要集中于对技术生产成本的降低，对技术本身的研发投入较少，从技术研发的角度出发，可再生能源技术 LBR 的效率相对较小。与此同时，知识溢出效应对于可再生能源技术研发过程也具有极为重要的影响，其他国家通过从中国进口成本较低的光伏电池组件，能够帮助其国内降低光伏发电技术生产成本。所选的中国、德国、美国和日本的可再生能源技术研发政策对于光伏发电技术自身的改进作用效果相较于其对成本降低的贡献而言明显较低，全球范围内光伏发电技术转化效率的提升相较于成本降低而言不够显著。此外，对可再生能源技术应用的系统辅助技术（如电力并网技术等）的改进效果不甚明显。这些都对可再生能源技术应用过程中的实际表现产生了极为重要的影响，也对今后可再生能源技术研发政策的设计提出了更加明确的目标要求。

（2）从理论层面考虑，基于学习曲线方法拟合可再生能源技术供应侧的变化过程具有多重原因，主要包括：第一，与传统能源技术相比，可再生能源技术特征更接近规模化生产的技术产品，因而其成本变化特征更符合经验学习理论和学习曲线方法所描述的技术变化结构；第二，学习曲线联结了供应侧技术成本变化与需求侧市场规模变化两个过程，有助于分析需求增长对技术变化的驱动作用，为供需双侧的耦合作用分析提供了基础；第三，应用学习曲线方法有助于整合多种驱动力对可再生能源技术变化的共同作用结果；第四，应用学习曲线方法可以有效帮助了解可再生能源技术变化所伴随的市场发展情况和相应的资源需求。

在应用学习曲线方法分析可再生能源技术变化过程时，还必须满足以下几个前提条件：首先，必须对可再生能源技术的学习效应来源具有初步的分析和认知，保证研究结果的合理性和客观性；其次，在构建可再生能源技术的学习曲线模型分析技术变化过程时，必须提前排除关键不确定性因素的影响；最后，与技术的生产成本相比，相关技术的价格和所投入的原料价格在一定阶段内应保证在一个较为稳定的水平或不存在过多的随机波动性。

（3）解析可再生能源技术的扩散过程是掌握其发展的一般规律的关键前提，是构建可再生能源技术长效发展机制的核心基础。本书从巴斯扩散模型出发，综合考虑可再生能源技术信息扩散、技术效益和社会认可度等因素的影响。从可再生能源技术扩散的主要特征和驱动机理出发，根据可再生能源技术投资者状态的变化，将可再生能源技术扩散过程划分为技术获悉、效益计算和技术认可三个阶段。在三个阶段中，相应的投资者分别由潜在投资者转变为兴趣投资者，再转变为活跃投资者，直至成为最终投资者。上述过程分别反映了可再生能源技术扩散各个阶段的动态变化关键特征。基于此，本书构建了可再生能源技术扩散的数学模型，并借此从理论上分析了可再生能源技术扩散速度有限性、区域差异性和政策驱动效率递减性三个特征。

（4）综合可再生能源技术供需双侧发展特征及数理模型，本书进一步从系统角度构建了可再生能源技术发展模型，并借此分析了政策支持的优化设计问题。主要包括以下内容。

第一，为可再生能源技术发展过程研究提供了系统性的分析工具。通过整合供需双侧的多种因素的驱动力作用，本书所构建的理论体系和模型有助于深入理解可再生能源技术成本变化和上网电价对其发展的驱动机理。随着可再生能源技术变化过程中技术成本的不断降低，或在需求侧通过对上网电价的控制来保证投资收益,相关政策对于可再生能源技术持续性发展的促进效果和效率将逐渐削弱。通过将可再生能源技术投资的成本收益之比控制在一个最优的范围内,可以有效地帮助保持上述政策实施的效果和效率。

第二,控制可再生能源技术投资收益成本比在理论上是实现政策优化、改善政策效果和效率提高、促进可再生能源技术发展的一个重要方式。保持可再生能源技术上网电价在一个恒定的水平或者上网电价降低的速度比技术成本降低的速度更慢,可再生能源技术发展的成本弹性和价格弹性均会降低。这也会进一步对可再生能源技术支持政策的效率产生影响。例如,在最优的 FIT 政策条件下,光伏发电上网电价降低的速度将比成本降低的速度更快。政府通过保证光伏发电FIT 上网电价降低的速度快于技术成本降低的速度,有助于提高可再生能源技术发展的上网电价弹性和技术成本弹性,即边际上网电价(提高)和边际成本(降低)对可再生能源技术发展的促进作用将更大。上述政策实践效果和效率均是通过控制可再生能源技术的投资收益成本比实现的。

第三,利用本书所构建的政策优化模型,通过对 FIT 政策的优化可以有效帮助政府降低政策的费用成本。江苏省光伏发电 FIT 政策优化案例分析表明,优化后的 FIT 政策在技术缓慢变化情景中总政策费用成本比实际的政策成本降低了近30%。现实中,政府所设计的 FIT 政策往往将可再生能源技术扩散速度保持在一个相对较高的水平上,在此环境下,江苏省为 2016~2020 年五年规划期所设计的可再生能源发展目标仅需通过两年就能实现。与优化后的 FIT 政策相比,这一发展实践方式会造成更多较旧的技术获得一个相对较高的政策收益,从而大大提高了政策成本,同时也降低了相关政策的效率。

第四,本书的研究为可再生能源发展速度的优化控制问题提供了建议。对可再生能源技术的发展速度实施控制是提高政策效率的一种重要方式。考虑到供应侧可再生能源技术变化过程的影响,应当努力分配更多的资源给后期较新、较为先进的技术,即通过政策手段尽量保证政策资源大量分配于更加先进的可再生能源技术发展中,同时还要保证相关政策对可再生能源技术发展的驱动力作用足够大。在实践的过程中,上述目标可以通过在政策设计的过程中优化控制可再生能源技术投资的成本收益之比实现。

第五,本书还通过政策优化和可再生能源技术发展的优化控制为有效消除延迟投资行为提供了新思路。延迟投资行为对可再生能源技术需求侧的扩散具有直接的影响,从而在供需双侧的耦合机制下反作用于供应侧的技术变化过程。针对这一问题,在对相应的政策(如 FIT)进行优化的过程中需要考虑使可再生能源技术的投资收益成本比呈现下降的趋势。这样可以降低投资者对未来投资收益率的期望,从而促进投资者尽快完成其对可再生能源技术的投资行为,促进可再生能源技术的发展。

9.2　政　策　建　议

基于上述研究结论，综合本书所构建的模型和分析过程，可再生能源技术发展过程中需要考虑以下几点政策建议。

（1）对于可再生能源技术发展政策设计相关的政策建议。

第一，在缓解气候变化压力和能源转型的目标要求下，提升可再生能源的实际利用比例是当前可再生能源技术研发创新的迫切需求。根据本书的研究，现有的可再生能源技术发展促进政策体系不足以支撑其持续性发展，改进可再生能源技术自身状态和提升可再生能源消纳利用率应当成为今后可再生能源技术研发政策的核心目标。围绕这一目标，各国政府需要对其可再生能源技术研发政策的结构进行适当调整。结合可再生能源技术研发现状、未来政策设计的核心要求和基本理念，未来可再生能源技术研发政策框架的设计过程应当着重考虑以下几个关键要素：首先，在技术研发政策设计中，政府应当提高对可再生能源技术自身状态改进的投入，着重激励对能源转化效率、技术可靠性、新材料和新技术的提升等方面；其次，在市场需求拉动的政策设计中，政府应当从系统的角度出发，加大对可再生能源技术应用中相关的系统辅助技术的研发投入，包括对可再生能源电力并网技术、电力输送、储能技术、系统优化管理等一系列系统辅助技术的研发投入，同时考虑多样化的可再生能源技术应用形式研发（如可再生能源建筑）活动的激励和研发投资。上述政策，辅之以可再生能源投资补贴等应用激励的方式，能够有效强化市场力对于可再生能源技术变化过程的作用，形成较为系统的可再生能源技术发展支持政策体系。以中国光伏发电技术的发展为例，中国现有的光伏发电技术条件和光伏电力的实际消费比例的发展相较于其生产成本和价格而言较慢，前期光伏发展主要以光伏组件生产和技术应用市场扩张为重点，对于可再生能源的利用和技术的改进关注不足。因此需要对光伏发电技术研发政策进行更加系统和科学的设计，参考政府已经提出的"光伏领跑者"计划，需要更加关注对光伏发电技术的质的提升。一方面，基于未来光伏发电市场应用中的技术性需求，制定针对性的研发活动激励政策；另一方面，需要加大对光伏发电并网技术、输电技术、储能技术和光伏建筑系统等需求侧辅助技术的研发投入，从而制定出兼顾供需双侧的可再生能源技术研发政策框架体系，提高可再生能源技术研发政策的实际效果。

第二，在可再生能源技术市场化发展相关政策制定的过程中，需要基于对可再生能源技术市场扩散一般规律的理解，结合其发展的关键特征，科学合理地制定相应的发展战略和具体的支持政策体系。在制定可再生能源区域发展规划时，首先要保证规划目标的可实现性，即所设定的规划目标必须满足可再生能源技术扩散速度上限的约束；其次，要根据区域的实际资源分布结构设定合理的政策激励水平，从而提升政策的效率；最后，在制定区域可再生能源发展措施的过程中，要掌握区域发展的特殊性，从信息流通、技术成本和经济收益、社会认可度等方面出发，挖掘区域发展的关键阻碍因素，因地制宜地制定高效的区域可再生能源技术发展策略。

（2）应用学习曲线方法有助于分析可再生能源技术变化过程，同时也有助于系统性地整合供需双侧技术发展的一般规律。在利用学习曲线方法分析可再生能源技术变化的过程中，需要注意以下几点。

第一，在选择学习曲线模型形式时需要面临一个区分不同学习来源或提高研究结果可靠性的权衡。SFLC 是一种最简洁的可再生能源技术学习效应分析形式。虽然包括多种学习因素的模型（如 TFLC 或多因素学习曲线等）可以研究多因素作用下的技术变化过程，但其可能受到的干扰因素与 SFLC 相比更多（如多重共线性等），需要通过多种方式（分阶段回归、成本分解等）保证研究结论的可靠性。这也意味着在今后的研究中需要针对 TFLC 或多因素学习曲线中的多重共线性等问题开展进一步的研究。

第二，学习曲线模型构建过程中指标组合的选取需要基于多个维度的因素和条件进行考量。基于传统学习曲线的定义和经验学习相关理论，生产成本是应用学习曲线测度技术变化过程的最佳指标；在可再生能源技术生产成本数据可获得性的约束下，技术的价格（如光伏电池组件价格、风力发电机组件价格等）可以作为成本的替代指标应用于学习曲线模型中；在对比分析不同阶段的经验学习过程或比较可再生能源与传统能源技术之间的差异研究中，LCOE 也可以作为一个综合性指标来测度技术变化的过程。上述三种指标比其他可再生能源技术变化指标更能够综合反映技术的一般变化情况。在解释变量的选择过程中，累计生产量是传统学习曲线方法模型框架下测度 LBD 效应的最佳选择；在可再生能源技术发展相关数据的可获得性约束下，累计安装容量也是应用较为广泛的经验学习指标之一。与产品运输量、累计发电量等其他指标相比，累计生产量和累计安装量对于测度可再生能源技术的生产经验积累效果最佳，其研究结论的解释相对更加合理。当选用 LCOE 指标来测度可再生能源技术发电成本变化过程时，累计发电量是测度 LBD 中生产经验积累最好的指标。

第三，需要考虑应用多种方式应对可再生能源技术学习曲线模型构建过程中存在的关键问题。在应用学习曲线分析可再生能源技术变化的过程时，往往会面临技术突破不确定性的干扰、外生的环境因素影响、学习曲线模型形式选择所带来的误差和相关理论基础缺失（如技术学习的潜力）等多种问题。对此，通过将学习曲线方法与成本分解、分阶段回归等方法结合来进行有针对性的设计，或者通过联合学习效率的概念等对方法的改进来应对问题，提高相关研究结果的可靠性。

（3）可再生能源技术发展的优化控制需要整合供需双侧的驱动机理，通过政策和市场的设计实现。首先，可以通过对可再生能源技术成本收益之比的调整控制可再生能源技术发展的速度。根据本书的研究结果，实现可再生能源技术发展的可持续化，需要对其发展的速度加以优化控制，保证先进的可再生能源技术获得更多的政策支持和社会资本的投资，即更多的先进技术得以应用。此外，通过成本收益之比的调整还可以有效消除可再生能源技术发展过程中的延迟投资行为。在对相应的政策（如 FIT）进行优化的过程中需要考虑使可再生能源技术的投资收益成本比呈现下降的趋势。这样可以降低投资者对未来投资收益率的期望，从而促进投资者尽快完成其对可再生能源技术的投资行为，促进可再生能源技术的发展。

其次，在可再生能源技术发展尤其是可持续性发展目标要求下，应当考虑供需双侧驱动力的耦合作用进行系统性设计。在可再生能源技术发展的系统研究中，从短期的目标出发，其供需双侧的耦合影响较小；从长期发展的角度出发，可再生能源技术供需双侧的耦合对其发展优化具有极为重要的意义。根据本书的研究结果，供应侧可再生能源技术变化过程与相关政策成本之间的关系，即快速的技术变化过程有助于降低需求侧可再生能源技术发展支持政策的总费用成本。结合可再生能源供需双侧政策作用的基本方式，本书为进一步从系统角度实现供需双侧可再生能源技术发展支持政策（如 FIT 和研发政策）的优化提供了基本的理论思路和模型框架。

9.3　研　究　展　望

本书构建了整合供需双侧作用下的可再生能源技术发展研究理论和方法体系框架，为分析可再生能源技术发展的一般规律和阶段特征、政策设计等问题提供了相应的理论指导和方法支持。由于数据、理论研究等主客观因素的限制，本书的研究还存在较多的缺陷，需要在今后的研究中围绕以下几个方面进一步改进。

（1）引入多重不确定性的可再生能源发展理论分析及系统建模研究。可再生能源技术发展过程中受到技术突破、市场需求和主体偏好等多重不确定性的影响，上述不确定性对可再生能源技术发展系统建模和政策设计等问题提出了挑战。由于现有理论研究和实证数据的缺失，本书针对可再生能源技术发展过程中的不确定性研究不足，同时由于研究框架的限制，本书未能对多重不确定性条件下的可再生能源技术发展进行充分的分析。在本书的研究基础上，需要对可再生能源技术发展过程中的不确定性因素及其影响机理做进一步分析，同时结合马尔可夫决策等方法，开展不确定性条件下可再生能源技术发展系统建模方法的研究。

（2）可再生能源技术区域发展差异性及其偏好研究。本书的研究已经证明了可再生能源技术发展过程中的区域差异性特征，然而由于现有理论和实证研究的不足，本书未能对可再生能源技术发展的区域差异性进行深入分析，尤其是可再生能源技术区域发展差异及其偏好的形成机理、区域发展偏好对可再生能源技术发展的作用效果。在今后的研究中，需要对上述关键问题开展系统性的研究，尤其是针对中国可再生能源发展偏好和区域特殊性问题进行针对性分析。

（3）可再生能源技术发展过程中的主体偏好及其决策行为研究。由于数据的缺失和现有理论研究的不足，本书围绕可再生能源技术扩散过程中投资者的状态转变及决策行为展开了较为深入的分析，然而，对于主体的分类及其偏好的识别和影响、主体决策中的不确定性、主体网络中的相互影响等问题还缺乏系统性的认知。在本书研究的基础上，以后将着重围绕上述几个方面对可再生能源技术发展过程中的主体决策行为开展研究。

（4）整合供需双侧的驱动机理，对可再生能源技术发展系统政策的总体优化设计研究。本书的分析结果显示了供应侧可再生能源技术变化过程与相关政策成本之间的关系，即快速的技术变化过程有助于降低需求侧可再生能源技术发展支持政策的总费用成本。结合可再生能源供需双侧政策作用的基本方式，本书为进一步从系统角度实现供需双侧可再生能源技术发展支持政策（如 FIT 和研发政策）的优化提供了基本的理论思路和模型框架。还需要结合对可再生能源技术供需双侧变化过程的规律掌握，对供需双侧驱动力的耦合作用开展深入的分析，对政策设计的总体效果和效率进行更加系统的研究。

附　　录

附表 A1　可再生能源技术 LBD 效率测度指标组合

可再生能源技术	技术变化指标	学习效应测度指标	相关研究	学习效率
风力发电技术	电力生产成本（elec_c）	累计安装量（inst_cap）	Ibenholt（2002）；Andersen 和 Fuglsang（1996）	−3%～15%；7%～25%
	电力上网价格（elec_p）	累计电力生产量（elec_gen）	Neij 等（2003）	20%
	电力生产成本（elec_c）		Loiter 和 Norberg-Bohm（1999）；CEC（1995）；Wene（2000）	20%；32%（美国）；18%（欧盟）
	装机成本（inst_p）	累计安装量（inst_cap）	Bolinger 和 Wiser（2012）	8%，14%
	电力上网价格（elec_p）		Qiu 和 Anadon（2012）	4%
	投资成本（inv_c）		Kouvaritakis 等（2000a，2000b）；Isoard 和 Soria（2001）；Nemet（2009b）；Kobos 等（2006）；Lund（1995）；Klaassen 等（2005）；Junginger 等（2005）；Jamasb（2007）；Söderholm 和 Sundqvist（2007）	17%；17.6%；15.3%；8%，30%；14.2%，15%；5.4%；15%～19%；13.1%（陆上风电），1%（海上风电）；3.1%～5%
	技术生产成本（faci_c）		Neij（2008）	11%
	投资成本（土耳其）（inv_c）（in Turkey）	累计安装量（世界）（inst_cap）（global）	Junginger 等（2005）	15%～23%
	技术价格（德国）（faci_p）（German）		Coulomb 和 Neuhoff（2006）	12.7%
	电力上网价格（elec_p）	累计销售量（faci_sal）	Neij（1997）	4%
	投资成本（inv_c）		MacKay 和 Probert（1998）；Neij（1999）	14.3%；4%和8%
	技术价格（faci_p）	累计安装量（inst_cap）	Neij 等（2003）	8%
		累计产量（faci_pro）	Neij 等（2003）	6%～8%

续表

可再生能源技术	技术变化指标	学习效应测度指标	相关研究	学习效率
风力发电技术	装机成本（inst_c）	累计安装量（inst_cap）	Neij 等（2003）；Jamasb（2007）	4%～11%；13.1%
	发电成本（elec_c）	累计产量（faci_pro）	Neij 等（2003）	12%～17%
	设备效率（cap_f）	累计安装量（inst_cap）	Tang（2018）	
光伏发电技术	技术生产成本（faci_c）	累计产量（faci_pro）	Gan 和 Li（2015）；Pillai（2015）	14%～35%；16%～19%
		累计安装量（inst_cap）	Schaefer 等（2012）	19%，22%
	技术价格（faci_p）	技术运输量（faci_shp）	Swanson（2006）；Schaefer 等（2012）	19%；20%，33%，7%，9%
		累计安装量（inst_cap）	Maycock 和 Wakefield（1975）；MacKay 和 Probert（1998）；Harmon（2000）；Wei 等（2017）；Zheng 和 Kammen（2014）	22%；18%；20.2%；20%（美国），33%（德国）；13.5%～20.9%
		累计光伏销售量（faci_sal）	Williams 和 Terzian（1993）	18%
		累计产量（faci_pro）	Nagamatsu 等（2006）；Rout 等（2009）；Lafond 等（2018）	21%；19%～24%；77%
	电力上网价格（elec_p）	累计光伏销售量（faci_sal）	Neij（1997）	20%
	发电成本（elec_c）	累计电力生产量（elec_gen）	Wene（2000）	35%
	投资成本（inv_c）	累计安装量（inst_cap）	Isoard 和 Soria（2001）；Kobos 等（2006）	27.8%；18.4%
生物质发电技术	发电成本	累计发电量	Wene（2000）	15%
可再生能源技术	单位成本	累计产量	Duan 等（2018）	

附表 A2　可再生能源技术 LBR 效率测度指标组合

可再生能源技术	技术变化指标	学习效应测度指标	相关研究	学习效率
风力发电技术	投资成本（inv_c）	累计政府 R&D 投资（pub_R&D_expd）	Klaassen 等（2005）；Söderholm 和 Sundqvist（2007）	12.6%；12%～13.2%
		研发投资（R&D_expd）	Jamasb（2007）；Kouvaritakis 等（2000a）	26.8%（陆上风电），4.9%（海上风电）；7%
	发电成本（elec_c）	专利数量（pat_num）	Nemet（2009b）	—
	设备效率（cap_f）		Tang（2018）	—
	电力上网价格（elec_p）	研发投资（R&D_expd）	Qiu 和 Anadon（2012）	—
光伏发电技术	投资成本（inv_c）	研发投资（R&D_expd）	Kouvaritakis 等（2000b）	10%
	技术价格（faci_p）	专利数量（pat_num）	Zheng 和 Kammen（2014）	12.4%～15.2%
太阳能热技术	投资成本（inv_c）	累计私人和政府 R&D 投资	Jamasb（2007）	5.3%
		累计 R&D 投资	Kouvaritakis 等（2000b）	8%
生物质发电技术	投资成本（inv_c）	累计 R&D 投资	Kouvaritakis 等（2000b）	3%

参 考 文 献

白建华，辛颂旭，刘俊，等. 2015. 中国实现高比例可再生能源发展路径研究[J]. 中国电机工程学，35（14）：3699-3705

陈荣，张希良，何建坤，等. 2008. 基于 MESSAGE 模型的省级可再生能源规划方法[J]. 清华大学学报：自然科学版，48（9）：1525-1528.

陈荣荣，孙韵琳，陈思铭，等. 2015. 并网光伏发电项目的 LCOE 分析[J]. 可再生能源，33（5）：731-735.

杜祥琬. 2014. 能源革命——为了可持续发展的未来[J]. 北京理工大学学报（社会科学版），16（5）：1-8.

郭晓丹，闫静静，毕鲁光. 2014. 中国可再生能源政策的区域解构、有效性与改进[J]. 经济社会体制比较，（6）：176-187.

金乐琴. 2016. 能源结构转型的目标与路径：美国、德国的比较及启示[J]. 经济问题探索，（2）：166-172.

李军，王旭春，李晓昭. 2017. 日本能源形势与可再生能源利用实态[J]. 太阳能，（12）：10-16.

李力，朱磊，范英. 2017. 不确定条件下可再生能源项目的竞争性投资决策[J].中国管理科学，25（7）：11-17.

李庆，赵新泉，葛翔宇. 2015. 政策不确定性对可再生能源电力投资影响研究——基于实物期权理论证明与分析[J]. 中国管理科学，23：445-452.

林伯强，李江龙. 2015. 环境治理约束下的中国能源结构转变——基于煤炭和二氧化碳峰值的分析[J]. 中国社会科学，（9）：84-107，205.

马翠萍，史丹，丛晓男. 2014. 太阳能光伏发电成本及平价上网问题研究[J]. 当代经济科学，36（2）：85-94.

马丽梅，史丹，裴庆冰. 2018. 中国能源低碳转型（2015-2050）：可再生能源发展与可行路径[J]. 中国人口资源与环境，28（2）：8-18.

邵云飞，谭劲松. 2006. 区域技术创新能力形成机理探析[J]. 管理科学学报，9（4）：1-11.

石莹，朱永彬，王铮. 2015. 成本最优与减排约束下中国能源结构演化路径[J]. 管理科学学报，18（10）：26-37.

史丹，王蕾. 2015. 能源革命及其对经济发展的作用[J]. 产业经济研究，（1）：1-8.

王心馨，是冬冬. 2016. 解振华：低碳产业市场空间广阔，可提供 6900 万个就业机会[EB/OL]. [2020-10-24]. https://www.thepaper.cn/newsDetail_forward_1447482_1.

张国兴，张绪涛，汪应洛，等. 2014. 节能减排政府补贴的最优边界问题研究[J]. 管理科学学报，17（11）：129-138.

赵保国，余宙婷. 2016. 基于人际关系视角的自助服务扩散研究[J]. 管理科学学报，19（10）：101-116，126.

赵勇强. 2017. 国际可再生能源发展与全球能源治理变革[J]. 宏观经济研究,（4）: 43-54.

钟渝, 刘名武, 马永开. 2010. 基于实物期权的光伏并网发电项目成本补偿策略研究[J]. 中国管理科学, 18（3）: 68-74.

周亚虹, 蒲余路, 陈诗一, 等. 2015. 政府扶持与新型产业发展——以新能源为例[J]. 经济研究, 50（6）: 147-161.

Aalbers R, Shestalova V, Kocsis V. 2013. Innovation policy for directing technical change in the power sector [J]. Energy Policy, 63: 1240-1250.

Alizamir S, de Véricourt F, Sun P. 2016. Efficient feed-in-tariff policies for renewable energy technologies[J]. Operations Research, 64（1）: 52-66.

Amore M D, Bennedsen M. 2016. Corporate governance and green innovation[J]. Journal of Environmental Economics and Management, 75: 54-72.

Anatolitis V, Welisch M. 2017. Putting renewable energy auctions into action-An agent-based model of onshore wind power auctions in Germany[J]. Energy Policy, 110: 394-402.

Andersen P D, Fuglsang P. 1996. Estimation of the future advances of wind power technology: Vurdering af udviklingsforloeb for vindkraftteknologien[EB/OL]. [2023-04-22]. https://www.osti.gov/etdeweb/biblio/221873.

Anderson K. 2015. Talks in the city of light generate more heat[J]. Nature, 528（7583）: 437.

Anzanello M J, Fogliatto F S. 2011. Learning curve models and applications: Literature review and research directions[J]. International Journal of Industrial Ergonomics, 41（5）: 573-583.

Argote L, Epple D. 1990. Learning curves in manufacturing[J]. Science, 247（4945）: 920-924.

Arrow K J. 1962. The economic implications of learning by doing[J]. The Review of Economic Studies, 29（3）: 155.

Axsen J, Bailey J, Castro M A. 2015. Preference and lifestyle heterogeneity among potential plug-in electric vehicle buyers[J]. Energy Economics, 50: 190-201.

Azevedo I L, Jaramillo P, Yeh S, et al. 2013. Modeling technology learning for electricity supply technologies: Phase II report[EB/OL]. [2019-10-03]. https://www.cmu.edu/epp/iecm/rubin/PDF% 20files/2013/FINAL%20PHASE%20II%20REPORT%20TO%20EPRI_June%2030.pdf.

Badiru A B. 1992. Computational survey of univariate and multivariate learning curve models[J]. IEEE Transactions on Engineering Management, 39（2）: 176-188.

Baker E, Bosetti V, Anadon L D, et al. 2015. Future costs of key low-carbon energy technologies: Harmonization and aggregation of energy technology expert elicitation data [J]. Energy Policy, 80: 219-232.

Baker E, Chon H, Keisler J. 2009. Advanced solar R&D: Combining economic analysis with expert elicitations to inform climate policy[J]. Energy Economics, 31: S37-S49.

Barreto L. 2001. Technological learning in energy optimisation models and deployment of emerging technologies[D]. Bogotá D.C: Swiss Federal Institute of Technology in Zurich.

Bass F M. 1969. A new product growth for model consumer durables[J]. Management Science, 15（5）: 215-227.

Batley S L, Colbourne D, Fleming P D, et al. 2001. Citizen versus consumer: Challenges in the UK green power market[J]. Energy Policy, 29（6）: 479-487.

Bauner C, Crago C L. 2015. Adoption of residential solar power under uncertainty: Implications for renewable energy incentives[J]. Energy Policy, 86: 27-35.

Benkard C L. 2000. Learning and forgetting: The dynamics of aircraft production[J]. American Economic Review, 90 (4): 1034-1054.

Benson C L, Magee C L. 2014. On improvement rates for renewable energy technologies: Solar PV, wind turbines, capacitors, and batteries [J]. Renewable Energy, 68: 745-751.

Bergmann A, Colombo S, Hanley N. 2008. Rural versus urban preferences for renewable energy developments[J]. Ecological Economics, 65 (3): 616-625.

Bhagwat P C, Richstein J C, Chappin E J L, et al. 2016. The effectiveness of a strategic reserve in the presence of a high portfolio share of renewable energy sources[J]. Utilities Policy, 39: 13-28.

Blanford G J. 2009. R&D investment strategy for climate change[J]. Energy Economics, 31: S27-S36.

Bodde D L. 1977. Riding the experience curve[J]. IEEE Engineering Management Review, 5 (2): 29-35.

Böhringer C. 1998. The synthesis of bottom-up and top-down in energy policy modeling[J]. Energy Economics, 20 (3): 233-248.

Boie I. 2016. Determinants for the market diffusion of renewable energy technologies: An analysis of the framework conditions for non-residential photovoltaic and onshore wind energy deployment in Germany[D]. Exeter: University of Exeter.

Bointner R. 2014. Innovation in the energy sector: Lessons learnt from R&D expenditures and patents in selected IEA countries[J]. Energy Policy, 73: 733-747.

Bolinger M, Wiser R. 2012. Understanding wind turbine price trends in the US over the past decade [J]. Energy Policy, 42: 628-641.

Bollinger B, Gillingham K. 2012. Peer effects in the diffusion of solar photovoltaic panels[J]. Marketing Science, 31 (6): 900-912.

Boomsma T K, Meade N, Fleten S E. 2012. Renewable energy investments under different support schemes: A real options approach[J]. European Journal of Operational Research, 220 (1): 225-237.

Bosetti V, Carraro C, Duval R, et al. 2009.The role of R&D and technology diffusion in climate change mitigation: New perspectives using the witch model[J]. SSRN Electronic Journal: 1-39.

Bretschger L, Zhang L. 2017. Nuclear phase-out under stringent climate policies: A dynamic macroeconomic analysis[J].The Energy Journal, 38 (1): 167-195.

Buonanno P, Carraro C, Galeotti M. 2003. Endogenous induced technical change and the costs of Kyoto[J]. Resource and Energy Economics, 25 (1): 11-34.

Burniaux J M, Martin J P, Nicoletti G, et al. 1991. GREEN: A multi-region dynamic general equilibrium model for quantifying the costs of curbing CO_2 emissions: A technical manual[J]. OECD Economics Department Working Papers 104, OECD Publishing. DOI: 10.1787/877165867056.

CEC. 1995. Wind project performance. 1994 Summary Staff Report [EB/OL]. [2023-04-22].https://babel.hathitrust.org/cgi/pt?id=uc1.31822020648002&seq=5.

Chan K Y, Oerlemans L A G, Volschenk J. 2015. On the construct validity of measures of willingness to pay for green electricity: Evidence from a South African case[J]. Applied Energy, 160: 321-328.

Chen H, Ma T. 2014. Technology adoption with limited foresight and uncertain technological learning[J]. European Journal of Operational Research, 239 (1): 266-275.

Chow J, Kopp R J, Portney P R. 2003. Energy resources and global development[J]. Science, 302 (5650): 1528-1531.

Christiansson L. 1995. Diffusion and learning curves of renewable energy technologies[EB/OL]. [2019-10-22]. http://pure.iiasa. ac.at/id/eprint/4472.

Chu S, Majumdar A. 2012. Opportunities and challenges for a sustainable energy future [J]. Nature, 488 (7411): 294-303.

Collantes G O. 2007. Incorporating stakeholders' perspectives into models of new technology diffusion: The case of fuel-cell vehicles[J]. Technological Forecasting and Social Change, 74 (3): 267-280.

Coulomb L, Neuhoff K. 2006. Learning curves and changing product attributes: The case of wind turbines[R]. Cambridge: Cambridge Judge Business School, University of Cambridge.

da Silva C G. 2010. The fossil energy/climate change crunch: Can we pin our hopes on new energy technologies?[J]. Energy, 35 (3): 1312-1316.

Darr E D, Argote L, Epple D. 1995. The acquisition, transfer, and depreciation of knowledge in service organizations: Productivity in franchises[J]. Management Science, 41 (11): 1750-1762.

de Coninck H, Puig D. 2015. Assessing climate change mitigation technology interventions by international institutions [J]. Climatic Change, 131 (3): 417-433.

Debbarma M, Sudhakar K, Baredar P. 2017. Thermal modeling, exergy analysis, performance of BIPV and BIPVT: A review [J]. Renewable Sustainable Energy Reviews, 73: 1276-1288.

Denholm P, Hand M. 2011. Grid flexibility and storage required to achieve very high penetration of variable renewable electricity[J]. Energy Policy, 39 (3): 1817-1830.

Devine-Wright P. 2005. Beyond NIMBYism: Towards an integrated framework for understanding public perceptions of wind energy[J]. Wind Energy, 8 (2): 125-139.

Devine-Wright P. 2009. Rethinking NIMBYism: The role of place attachment and place identity in explaining place-protective action[J]. Journal of Community & Applied Social Psychology, 19 (6): 426-441.

Devine-Wright P, Howes Y. 2010. Disruption to place attachment and the protection of restorative environments: A wind energy case study[J]. Journal of Environmental Psychology, 30 (3): 271-280.

Ding H, Zhou D Q, Liu G Q, et al. 2020a. Cost reduction or electricity penetration: Government R&D-induced PV development and future policy schemes[J]. Renewable and Sustainable Energy Reviews, 124: 109752.

Ding H, Zhou D, Zhou P. 2020b. Optimal policy supports for renewable energy technology development: A dynamic programming model[J]. Energy Economics, 92: 104765.

Dobrotkova Z, Surana K, Audinet P. 2018. The price of solar energy: Comparing competitive auctions for utility-scale solar PV in developing countries[J]. Energy Policy, 118: 133-148.

Drake D F. 2011. Carbon tariffs: Impacts on technology choice, regional competitiveness, and global emissions[R]. Cambridge: Harvard Business School.

Drake D F. 2018. Carbon tariffs: Effects in settings with technology choice and foreign production cost advantage[J]. Manufacturing & Service Operations Management, 20 (4): 667-686.

Duan H, Mo J, Fan Y, et al. 2018. Achieving China's energy and climate policy targets in 2030 under multiple uncertainties[J]. Energy Economics, 70: 45-60.

Dutton J M, Thomas A. 1984. Treating progress functions as a managerial opportunity[J]. Academy of Management Review, 9 (2): 235-247.

Egelman C D, Epple D, Argote L, et al. 2017. Learning by doing in multiproduct manufacturing: Variety, customizations, and overlapping product generations[J]. Management Science, 63 (2): 405-423.

Eppstein M J, Grover D K, Marshall J S, et al. 2011. An agent-based model to study market penetration of plug-in hybrid electric vehicles[J]. Energy Policy, 39 (6): 3789-3802.

Fabrizio K R, Poczter S, Zelner B A. 2017. Does innovation policy attract international competition? Evidence from energy storage[J]. Research Policy, 46 (6): 1106-1117.

Färe R, Grosskopf S, Pasurka C. 2016. Technical change and pollution abatement costs[J]. European Journal of Operational Research, 248 (2): 715-724.

Fell H J. 2009. Feed-in tariff for renewable energies: An effective stimulus package without new public borrowing[J]. Significance of Renewable Energies in the Current Economic Crisis, 90.

Fernandes B, Cunha J, Ferreira P. 2011. The use of real options approach in energy sector investments[J]. Renewable and Sustainable Energy Reviews, 15 (9): 4491-4497.

Fischer C, Preonas L. 2010. Combining policies for renewable energy: Is the whole less than the sum of its parts?[J]. Resource for the Future Discussion Paper: 10-19.

Fischlein M, Larson J, Hall D M, et al. 2010. Policy stakeholders and deployment of wind power in the sub-national context: A comparison of four US states[J]. Energy Policy, 38 (8): 4429-4439.

Fisher-Vanden K, Jefferson G H, Liu H, et al. 2004. What is driving China's decline in energy intensity?[J]. Resource and Energy Economics, 26 (1): 77-97.

Fisher-Vanden K, Jefferson G H, Ma J K, et al. 2006. Technology development and energy productivity in China[J]. Energy Economics, 28 (5/6): 690-705.

Foray D, Grübler A. 1990. Morphological analysis, diffusion and lockout of technologies: Ferrous casting in France and the FRG[J]. Research Policy, 19 (6): 535-550.

Frankfurt School-UNEP Centre/BNEF. 2019. Global trends in renewable energy investment 2019[R]. Frankfurt am Main: Frankfurt School of Finance & Management.

Frankfurt School-UNEP Centre/BNEF. 2020. Global trends in renewable energy investment 2020 [R]. Frankfurt am Main: Frankfurt School of Finance & Management.

Freeman C. 1994. The economics of technical change[J]. Cambridge Journal of Economics, 18 (5): 463-514.

Fulton M, Kreibiehl S, Rickerson W, et al. 2010. GET FiT program: Global energy transfer feed-in tariffs for developing countries[R]. New York, NY: Deutsche Bank Group.

Gan P Y, Li Z D. 2015. Quantitative study on long term global solar photovoltaic market[J]. Renewable and Sustainable Energy Reviews, 46: 88-99.

Geroski P. 2000. Models of technology diffusion[J]. Research Policy, 29 (4/5): 603-625.

Ghosh A, Ganesan K.2015. Policy: Rethink India's energy strategy[J]. Nature, 521 (7551): 156-157.

Gillingham K, Newell R G, Pizer W A. 2008. Modeling endogenous technological change for climate policy analysis[J]. Energy Economics, 30 (6): 2734-2753.

Goldemberg J, Coelho S T, Nastari P M, et al. 2004. Ethanol learning curve-the Brazilian experience[J]. Biomass and Bioenergy, 26 (3): 301-304.

Grau T, Huo M, Neuhoff K. 2012. Survey of photovoltaic industry and policy in Germany and China[J]. Energy Policy, 51: 20-37.

Greenblatt J B, Saxena S. 2015. Autonomous taxis could greatly reduce greenhouse-gas emissions of US light-duty vehicles[J]. Nature Climate Change, 5 (9): 860-863.

Gross C. 2007. Community perspectives of wind energy in Australia: The application of a justice and community fairness framework to increase social acceptance[J]. Energy Policy, 35 (5): 2727-2736.

Grubb M, Köhler J, Anderson D. 2002. Induced technical change in energy and environmental modeling: Analytic approaches and policy implications[J]. Annual Review of Energy and the Environment, 27 (1): 271-308.

Grubler A, Aguayo F, Gallagher K, et al. 2012. Policies for the energy technology innovation systems[A]//Johansson T B, Nakicenovic N, Patwardhan A, et al. Global Energy Assessment (GEA). Cambridge: Cambridge University Press: 1665-1744.

Hall B H. 2007. Measuring the returns to R&D: The depreciation problem[R]. Cambridge: National Bureau of Economic Research.

Harmon C. 2000. Experience curves of photovoltaic technology[EB/OL]. [2023-04-22]. https://core. ac.uk/download/pdf/33897701.pdf.

Haselip J, Hansen U E, Puig D, et al. 2015. Governance, enabling frameworks and policies for the transfer and diffusion of low carbon and climate adaptation technologies in developing countries[J]. Climatic Change, 131 (3): 363-370.

Hayashi D, Huenteler J, Lewis J I. 2018. Gone with the wind: A learning curve analysis of China's wind power industry[J]. Energy Policy, 120: 38-51.

Hope A J, Booth A. 2014. Attitudes and behaviours of private sector landlords towards the energy efficiency of tenanted homes[J]. Energy Policy, 75: 369-378.

Hu S, Souza G C, Ferguson M E, et al. 2015. Capacity investment in renewable energy technology with supply intermittency: Data granularity matters![J]. Manufacturing & Service Operations Management, 17 (4): 480-494.

Huang C, Su J, Zhao X, et al. 2012. Government funded renewable energy innovation in China[J]. Energy Policy, 51: 121-127.

Huenteler J, Tang T, Chan G, et al. 2018. Why is China's wind power generation not living up to its potential?[J]. Environmental Research Letters, 13 (4): 044001.

Huo M L, Zhang D W. 2012. Lessons from photovoltaic policies in China for future development [J].

Energy Policy, 51: 38-45.

Ibenholt K. 2002. Explaining learning curves for wind power[J]. Energy Policy, 30 (13): 1181-1189.

IEA-PVPS. 2014a. National survey report of PV power application in Germany 2013[EB/OL]. [2020-10-23]. https://iea-pvps.org/wp-content/uploads/2020/01/IEA_PVPS_NSR_2013_Germany.pdf.

IEA-PVPS. 2014b. National survey report of PV power applications in Japan 2013[EB/OL]. [2020-10-23]. https://iea-pvps.org/wp-content/uploads/2014/08/IEA_PVPS_NSR_2013_Japan.pdf.

IEA-PVPS. 2015. National survey report of PV power applications in Japan 2014[EB/OL]. [2020-10-23]. https://iea-pvps.org/wp-content/uploads/2020/01/National_Survey_Report_of_PV_Power_Applications_in_Japan_2014.pdf.

IEA-PVPS. 2016a. Annual report 2015[EB/OL]. [2020-10-23]. https://iea-pvps.org/wp-content/uploads/2020/01/IEA-PVPS_Annual_Report_FINAL_130516.pdf.

IEA-PVPS. 2016b. National survey report of PV power applications in Japan 2015[EB/OL]. [2020-10-23]. https://iea-pvps.org/wp-content/uploads/2020/01/National_Survey_Report_of_PV_Power_Applications_in_Japan_-_2015.pdf.

IEA-PVPS. 2018. National survey report of PV power applications in China-2018[EB/OL]. [2020-10-23]. https://iea-pvps.org.

IEA-PVPS. 2019. 2019 snapshot of global PV markets [EB/OL]. [2020-10-23]. http://www.iea-pvps.org/index. php?id=92.

IEPE. 2001. Technology improvement dynamics database (TIDdb) developed by IEPE under the EU-DG Research Sapient project[R]. Grenoble: IEPE.

IRENA. 2019. Renewable energy and jobs-annual review 2019 [EB/OL]. [2023-04-15]. https://www.irena.org/publications/2019/Jun/Renewable-Energy-and-Jobs-Annual-Review-2019.

Islam T. 2014. Household level innovation diffusion model of photo-voltaic (PV) solar cells from stated preference data[J]. Energy Policy, 65: 340-350.

Isoard S, Soria A. 2001. Technical change dynamics: Evidence from the emerging renewable energy technologies[J]. Energy Economics, 23 (6): 619-636.

Jacobson M Z, Delucchi M A, Ingraffea A R, et al. 2014. A roadmap for repowering California for all purposes with wind, water, and sunlight[J]. Energy, 73: 875-889.

Jacobsson S, Johnson A. 2000. The diffusion of renewable energy technology: An analytical framework and key issues for research[J]. Energy Policy, 28 (9): 625-640.

Jacobsson S, Lauber V. 2006. The politics and policy of energy system transformation—Explaining the German diffusion of renewable energy technology[J]. Energy Policy, 34 (3): 256-276.

Jaffe A B, Newell R G, Stavins R N. 2003. Technological change and the environment[A]// Environmental Degradation and Institutional Responses. Amsterdam: Elsevier: 461-516.

Jakeman G, Hanslow K, Hinchy M, et al. 2004. Induced innovations and climate change policy[J]. Energy Economics, 26 (6): 937-960.

Jamasb T. 2007. Technical change theory and learning curves: Patterns of progress in electricity generation technologies[J]. The Energy Journal, 28 (3): 51-71.

Jimenez M, Franco C J, Dyner I. 2016. Diffusion of renewable energy technologies: The need for policy in Colombia[J]. Energy, 111: 818-829.

Johnstone N, Haščič I, Popp D. 2010. Renewable energy policies and technological innovation: Evidence based on patent counts[J]. Environmental and Resource Economics, 45 (1): 133-155.

Jorgenson D W, Wilcoxen P J. 1993. Reducing US carbon emissions: An econometric general equilibrium assessment[J]. Resource and Energy Economics, 15 (1): 7-25.

Junginger M, Faaij A, Turkenburg W C. 2005. Global experience curves for wind farms[J]. Energy Policy, 33 (2): 133-150.

Kahouli-Brahmi S. 2008. Technological learning in energy-environment-economy modelling: A survey[J]. Energy Policy, 36 (1): 138-162.

Kanudia A, Labriet M, Loulou R. 2014. Effectiveness and efficiency of climate change mitigation in a technologically uncertain world[J]. Climatic Change, 123 (3/4): 543-558.

Kardooni R, Yusoff S B, Kari F B. 2016. Renewable energy technology acceptance in Peninsular Malaysia[J]. Energy Policy, 88: 1-10.

Kavlak G, McNerney J, Trancik J E. 2018. Evaluating the causes of cost reduction in photovoltaic modules[J]. Energy policy, 123: 700-710.

Kim I, Seo H L. 2009. Depreciation and transfer of knowledge: An empirical exploration of a shipbuilding process[J]. International Journal of Production Research, 47 (7): 1857-1876.

Kim K, Kim Y. 2015. Role of policy in innovation and international trade of renewable energy technology: Empirical study of solar PV and wind power technology[J]. Renewable and Sustainable Energy Reviews, 44: 717-727.

King L C, van den Bergh J C J M. 2018. Implications of net energy-return-on-investment for a low-carbon energy transition[J]. Nature Energy, 3 (4): 334-340.

Klaassen G, Miketa A, Larsen K, et al. 2005. The impact of R&D on innovation for wind energy in Denmark, Germany and the United Kingdom[J]. Ecological Economics, 54 (2/3): 227-240.

Kobos P H. 2002. The implications of renewable energy research and development: Policy scenario analysis with experience and learning effects[EB/OL]. [2019-10-23]. https://www.proquest.com/dissertations-theses/ implications-renewable-energy-research/docview/305500642/se-2?accountid=16605.

Kobos P H, Erickson J D, Drennen T E. 2006. Technological learning and renewable energy costs: Implications for US renewable energy policy[J]. Energy Policy, 34 (13): 1645-1658.

Kök A G, Shang K, Yücel S. 2016. Impact of electricity pricing policies on renewable energy investments and carbon emissions[J]. Management Science, 64 (1): 131-148.

Kouvaritakis N, Soria A, Isoard S. 2000a. Modelling energy technology dynamics: Methodology for adaptative expectations model with learning-by-doing and learning-by-researching[J]. International Journal of Global Energy Issues, 14 (1/2/3/4): 104-115.

Kouvaritakis N, Soria A, Isoard S, et al. 2000b. Endogenous learning in world post- Kyoto scenarios: Application of the POLES model under adaptive expectations [J]. International Journal of Global Energy Issues, 14 (1/2/3/4): 222-248.

Krass D, Nedorezov T, Ovchinnikov A. 2013. Environmental taxes and the choice of green technology[J]. Production and Operations Management, 22 (5): 1035-1055.

Kriegler E, Weyant J P, Blanford G J, et al. 2014. The role of technology for achieving climate policy objectives: Overview of the EMF 27 study on global technology and climate policy strategies[J].

Climatic Change，123（3）：353-367.

Kumar R，Agarwala A. 2016. Renewable energy technology diffusion model for techno-economics feasibility [J]. Renewable and Sustainable Energy Reviews，54：1515-1524.

Kurtz S，Atwater H，Rockett A，et al. 2016. Solar research not finished[J]. Nature Photonics，10（3）：141-142.

Lafond F，Bailey A G，Bakker J D，et al. 2018. How well do experience curves predict technological progress? A method for making distributional forecasts [J]. Technological Forecasting and Social Change，128：104-117.

Lai C S，McCulloch M D. 2017. Levelized cost of electricity for solar photovoltaic and electrical energy storage[J]. Applied Energy，190：191-203.

Lam L T，Branstetter L，Azevedo I M L. 2017. China's wind industry：Leading in deployment，lagging in innovation[J]. Energy Policy，106：588-599.

Langbroek J H M，Franklin J P，Susilo Y O. 2016. The effect of policy incentives on electric vehicle adoption[J]. Energy Policy，94：94-103.

Lee C Y，Heo H. 2016. Estimating willingness to pay for renewable energy in South Korea using the contingent valuation method[J]. Energy Policy，94：150-156.

Leibowicz B D. 2015. Growth and competition in renewable energy industries：Insights from an integrated assessment model with strategic firms[J]. Energy Economics，52：13-25.

Levi P G，Pollitt M G. 2015. Cost trajectories of low carbon electricity generation technologies in the UK：A study of cost uncertainty [J]. Energy Policy，87：48-59.

Li H，Jenkins-Smith H C，Silva C L，et al. 2009. Public support for reducing US reliance on fossil fuels：Investigating household willingness-to-pay for energy research and development[J]. Ecological Economics，68（3）：731-742.

Li L，Liu J，Zhu L，et al. 2020. How to design a dynamic feed-in tariffs mechanism for renewables—A real options approach[J]. International Journal of Production Research，58（14）：4352-4366.

Li X，Wen J. 2014. Review of building energy modeling for control and operation[J]. Renewable and Sustainable Energy Reviews，37：517-537.

Liu J，Wang R，Sun Y，et al. 2013. A barrier analysis for the development of distributed energy in China：A case study in Fujian province[J]. Energy Policy，60：262-271.

Loiter J M，Norberg-Bohm V. 1999. Technology policy and renewable energy：Public roles in the development of new energy technologies[J]. Energy Policy，27（2）：85-97.

Löschel A. 2002. Technological change in economic models of environmental policy：A survey[J]. Ecological Economics，43（2/3）：105-126.

Luderer G，Krey V，Calvin K，et al. 2014. The role of renewable energy in climate stabilization：Results from the EMF27 scenarios[J]. Climatic Change，123（3）：427-441.

Lund P. 2006. Market penetration rates of new energy technologies[J]. Energy Policy，34（17）：3317-3326.

Lund P D. 1995. An improved market penetration model for wind energy technology forecasting（No. NEI-FI--301）[C]. EWEA Special Topic Conference on the Economics of Wind Energy，Helsinki（Finland）：207

Luque A，Marti A. 2008. Ultra-high efficiency solar cells：The path for mass penetration of solar electricity[J]. Electronics Letters，44（16）：943-945.

Ma T，Chen H. 2015. Adoption of an emerging infrastructure with uncertain technological learning and spatial reconfiguration[J]. European Journal of Operational Research，243（3）：995-1003.

MacCracken C N，Edmonds J A，Kim S H，et al. 1999. The economics of the Kyoto Protocol[J]. The Energy Journal，20（1）：25-71.

MacKay R M，Probert S D. 1998. Likely market-penetrations of renewable-energy technologies [J]. Applied Energy，59（1）：1-38.

Mahajan V，Muller E，Bass F M. 1990. New product diffusion models in marketing：A review and directions for research[J]. Journal of Marketing，54（1）：1-26.

Malhotra P，Hyers R W，Manwell J F，et al. 2012. A review and design study of blade testing systems for utility-scale wind turbines[J]. Renewable and Sustainable Energy Reviews，16（1）：284-292.

Mallett A. 2007. Social acceptance of renewable energy innovations：The role of technology cooperation in urban Mexico[J]. Energy Policy，35（5）：2790-2798.

Mamat R，Sani M S M，Sudhakar K. 2019. Renewable energy in Southeast Asia：Policies and recommendations[J]. Science of the Total Environment，670：1095-1102.

Manne A，Richels R. 2004. The impact of learning-by-doing on the timing and costs of CO_2 abatement[J]. Energy Economics，26（4）：603-619.

Margolis R M，Kammen D M. 1999. Underinvestment：The energy technology and R&D policy challenge [J]. Science，285（5428）：690-692.

Markard J. 2018. The next phase of the energy transition and its implications for research and policy[J]. Nature Energy，3（8）：628-633.

Masini A，Menichetti E. 2012. The impact of behavioural factors in the renewable energy investment decision making process：Conceptual framework and empirical findings[J]. Energy Policy，40：28-38.

Maslin M，Scott J. 2011. Carbon trading needs a multi-level approach[J]. Nature，475（7357）：445-447.

Matteson S，Williams E. 2015. Residual learning rates in lead-acid batteries：Effects on emerging technologies[J]. Energy Policy，85：71-79.

Maycock P D，Wakefield G F. 1975. Business analysis of solar photovoltaic energy conversion [C]. 11th Photovoltaic Specialists Conference, Scottsdale：252-255.

McDonald A，Schrattenholzer L. 2001. Learning rates for energy technologies[J]. Energy Policy，29（4）：255-261.

Menanteau P，Finon D，Lamy M L. 2003. Prices versus quantities：Choosing policies for promoting the development of renewable energy[J]. Energy Policy，31（8）：799-812.

Messner S. 1997. Endogenized technological learning in an energy systems model[J]. Journal of Evolutionary Economics，7（3）：291-313.

Miketa A，Schrattenholzer L. 2004. Experiments with a methodology to model the role of R&D expenditures in energy technology learning processes：first results[J]. Energy Policy，32（15）：

1679-1692.

Morrison G M, Yeh S, Eggert A R, et al. 2015. Comparison of low-carbon pathways for California[J]. Climatic Change, 131 (4): 545-557.

Moser P. 2005. How do patent laws influence innovation? Evidence from nineteenth-century world's fairs[J]. American Economic Review, 95 (4): 1214-1236.

Mozumder P, Vásquez W F, Marathe A. 2011. Consumers' preference for renewable energy in the southwest USA[J]. Energy Economics, 33 (6): 1119-1126.

Murakami K, Ida T, Tanaka M, et al. 2015. Consumers' willingness to pay for renewable and nuclear energy: A comparative analysis between the US and Japan[J]. Energy Economics, 50: 178-189.

Nagamatsu A, Watanabe C, Shum K L. 2006. Diffusion trajectory of self-propagating innovations interacting with institutions—Incorporation of multi-factors learning function to model PV diffusion in Japan [J]. Energy Policy, 34 (4): 411-421.

Nagy B, Farmer D, Bui Q M, et al. 2013. Statistical basis for predicting technological progress[J]. PLoS One, 8 (2): e52669.

Neij L. 1997. Use of experience curves to analyse the prospects for diffusion and adoption of renewable energy technology[J]. Energy Policy, 25 (13): 1099-1107.

Neij L. 1999. Cost dynamics of wind power [J]. Energy, 24 (5): 375-389.

Neij L. 2008. Cost development of future technologies for power generation—A study based on experience curves and complementary bottom-up assessments[J]. Energy Policy, 36 (6): 2200-2211.

Neij L, Andersen P D, Durstewitz M, et al. 2003. Experience curves: A tool for energy policy assessment[R]. Lund: Lund University.

Nelson J, Mileva A, Johnston J, et al. 2014. Scenarios for deep carbon emission reductions from electricity by 2050 in Western North America using the switch electric power sector planning model: California's carbon challenge phase II, volume II[R]. Berkeley: Lawrence Berkeley National Lab.

Nemet G F, Baker E. 2009. Demand subsidies versus R&D: Comparing the uncertain impacts of policy on a pre-commercial low-carbon energy technology[J]. The Energy Journal, 30 (4): 49-80.

Nemet G F. 2006. Beyond the learning curve: Factors influencing cost reductions in photovoltaics[J]. Energy Policy, 34 (17): 3218-3232.

Nemet G F. 2009a. Demand-pull, technology-push, and government-led incentives for non-incremental technical change[J]. Research Policy, 38 (5): 700-709.

Nemet G F. 2009b. Interim monitoring of cost dynamics for publicly supported energy technologies[J]. Energy Policy, 37 (3): 825-835.

Nemet G F, Kammen D M. 2007. US energy research and development: Declining investment, increasing need, and the feasibility of expansion[J]. Energy Policy, 35 (1): 746-755.

Newell R G, Jaffe A B, Stavins R N. 1999. The induced innovation hypothesis and energy-saving technological change[J]. The Quarterly Journal of Economics, 114 (3): 941-975.

Noailly J, Smeets R. 2015. Directing technical change from fossil-fuel to renewable energy innovation: An application using firm-level patent data[J]. Journal of Environmental Economics and Management, 72: 15-37.

Noblet C L, Teisl M F, Evans K, et al. 2015. Public preferences for investments in renewable energy production and energy efficiency[J]. Energy Policy, 87: 177-186.

Nordhaus W D, 1994. Managing the Global Commons: The Economics of Climate Change [M]. Cambridge: MIT Press.

Nordhaus W D. 2010. Modeling induced innovation in climate-change policy[A]//Technological Change and the Environment. New York: Routledge.

Nordhaus W D. 2011. Designing a friendly space for technological change to slow global warming[J]. Energy Economics, 33 (4): 665-673.

Nordhaus W D. 2014. The perils of the learning model for modelling endogenous technological change[J]. The Energy Journal, 35 (1): 1-13.

Ockwell D, Sagar A, de Coninck H. 2015. Collaborative research and development (R&D) for climate technology transfer and uptake in developing countries: Towards a needs driven approach[J]. Climatic Change, 131 (3): 401-415.

Ouyang X, Lin B. 2014. Levelized cost of electricity (LCOE) of renewable energies and required subsidies in China[J]. Energy Policy, 70: 64-73.

Papineau M. 2006. An economic perspective on experience curves and dynamic economies in renewable energy technologies[J]. Energy Policy, 34 (4): 422-432.

Park E, Ohm J Y. 2014. Factors influencing the public intention to use renewable energy technologies in South Korea: Effects of the Fukushima nuclear accident[J]. Energy Policy, 65: 198-211.

Pellizzone A, Allansdottir A, de Franco R, et al. 2017. Geothermal energy and the public: A case study on deliberative citizens' engagement in central Italy[J]. Energy Policy, 101: 561-570.

Peter R, Ramaseshan B, Nayar C V. 2002. Conceptual model for marketing solar based technology to developing countries[J]. Renewable Energy, 25 (4): 511-524.

Peters M, Schneider M, Griesshaber T, et al. 2012. The impact of technology-push and demand-pull policies on technical change—Does the locus of policies matter?[J]. Research Policy, 41 (8): 1296-1308.

Pfeiffer B, Mulder P. 2013. Explaining the diffusion of renewable energy technology in developing countries[J]. Energy Economics, 40: 285-296.

Pillai U. 2015. Drivers of cost reduction in solar photovoltaics [J]. Energy Economics, 50: 286-293.

Pizer W A. 1999. The optimal choice of climate change policy in the presence of uncertainty[J]. Resource and Energy Economics, 21 (3/4): 255-287.

Popp D. 2001. The effect of new technology on energy consumption[J]. Resource and Energy Economics, 23 (3): 215-239.

Popp D. 2005. Lessons from patents: Using patents to measure technological change in environmental models[J]. Ecological Economics, 54 (2/3): 209-226.

Popp D. 2006. Innovation in climate policy models: Implementing lessons from the economics of R&D[J]. Energy Economics, 28 (5/6): 596-609.

Popp D, Hascic I, Medhi N. 2011. Technology and the diffusion of renewable energy[J]. Energy

Economics，33（4）：648-662.

Purohit P，Kandpal T C. 2005. Renewable energy technologies for irrigation water pumping in India：Projected levels of dissemination，energy delivery and investment requirements using available diffusion models[J]. Renewable and Sustainable Energy Reviews，9（6）：592-607.

Qiu Y，Anadon L D. 2012. The price of wind power in China during its expansion：Technology adoption，learning-by-doing，economies of scale，and manufacturing localization[J]. Energy Economics，34（3）：772-785.

Radomes J A A，Arango S. 2015. Renewable energy technology diffusion：An analysis of photovoltaic-system support schemes in Medellín，Colombia[J]. Journal of Cleaner Production，92：152-161.

Ragwitz M，Miola A. 2005. Evidence from R&D spending for renewable energy sources in the EU[J]. Renewable Energy，30（11）：1635-1637.

Rao K U，Kishore V V N. 2009. Wind power technology diffusion analysis in selected states of India[J]. Renewable Energy，34（4）：983-988.

Rao K U，Kishore V V N. 2010. A review of technology diffusion models with special reference to renewable energy technologies[J]. Renewable and Sustainable Energy Reviews，14（3）：1070-1078.

Raz G，Ovchinnikov A. 2015. Coordinating pricing and supply of public interest goods using government rebates and subsidies[J]. IEEE Transactions on Engineering Management，62（1）：65-79.

Reddy S，Painuly J P. 2004. Diffusion of renewable energy technologies-barriers and stakeholders' perspectives[J]. Renewable Energy，29（9）：1431-1447.

Reichelstein S，Yorston M. 2013. The prospects for cost competitive solar PV power[J]. Energy Policy，55：117-127.

REN21. 2018. Renewables 2018 global status report [R]. Paris：REN21 Secretariat.

Richards G，Noble B，Belcher K. 2012. Barriers to renewable energy development：A case study of large-scale wind energy in Saskatchewan，Canada[J]. Energy Policy，42：691-698.

Ringler P，Keles D，Fichtner W. 2016. Agent-based modelling and simulation of smart electricity grids and markets—A literature review[J]. Renewable and Sustainable Energy Reviews，57：205-215.

Ritzenhofen I，Birge J R，Spinler S. 2016. The structural impact of renewable portfolio standards and feed-in tariffs on electricity markets[J]. European Journal of Operational Research，255（1）：224-242.

Ritzenhofen I，Spinler S. 2016. Optimal design of feed-in-tariffs to stimulate renewable energy investments under regulatory uncertainty—A real options analysis[J]. Energy Economics，53：76-89.

Roland-Holst D W. 2008. Energy efficiency，innovation，and job creation in California[EB/OL]. [2019-10-23]. https://ageconsearch.umn.edu/record/46718.

Rout U K，Blesl M，Fahl U，et al. 2009. Uncertainty in the learning rates of energy technologies：An experiment in a global multi-regional energy system model[J]. Energy Policy，37（11）：4927-4942.

Rubin E S，Azevedo I M L，Jaramillo P，et al. 2015. A review of learning rates for electricity supply technologies[J]. Energy Policy，86：198-218.

Sagar A D，van der Zwaan B. 2006. Technological innovation in the energy sector：R&D，deployment，and learning-by-doing [J]. Energy Policy，34（17）：2601-2608.

Sanchez D L，Kammen D M. 2016. A commercialization strategy for carbon-negative energy[J]. Nature Energy，1（1）：1-4.

Schaefer M S，Lloyd B，Stephenson J R. 2012. The suitability of a feed-in tariff for wind energy in New Zealand—A study based on stakeholders' perspectives[J]. Energy Policy，43：80-91.

Schilling M A，Esmundo M. 2009. Technology S-curves in renewable energy alternatives：Analysis and implications for industry and government[J]. Energy Policy，37（5）：1767-1781.

Schmidt O，Hawkes A，Gambhir A，et al. 2017. The future cost of electrical energy storage based on experience rates[J]. Nature Energy，2（8）：1-8.

Shafiei E，Thorkelsson H，Ásgeirsson E I，et al. 2012. An agent-based modeling approach to predict the evolution of market share of electric vehicles：A case study from Iceland[J]. Technological Forecasting and Social Change，79（9）：1638-1653.

Shukla A K，Sudhakar K，Baredar P，et al. 2018. Solar PV and BIPV system：Barrier，challenges and policy recommendation in India[J]. Renewable and Sustainable Energy Reviews，82：3314-3322.

Snape J R，Boait P J，Rylatt R M. 2015. Will domestic consumers take up the renewable heat incentive? An analysis of the barriers to heat pump adoption using agent-based modelling [J]. Energy Policy，85：32-38.

Söderholm P，Sundqvist T. 2007. Empirical challenges in the use of learning curves for assessing the economic prospects of renewable energy technologies[J]. Renewable Energy，32（15）：2559-2578.

Sovacool B K. 2014. Diversity：Energy studies need social science[J]. Nature News，511（7511）：529-530.

Stokes L C，Warshaw C. 2017. Renewable energy policy design and framing influence public support in the United States[J]. Nature Energy，2（8）：1-6.

Strantzali E，Aravossis K. 2016. Decision making in renewable energy investments：A review [J]. Renewable and Sustainable Energy Reviews，55：885-898.

Strupeit L，Neij L. 2017. Cost dynamics in the deployment of photovoltaics：Insights from the German market for building-sited systems[J]. Renewable and Sustainable Energy Reviews，69：948-960.

Strupeit L，Palm A. 2016. Overcoming barriers to renewable energy diffusion：Business models for customer-sited solar photovoltaics in Japan，Germany and the United States [J]. Journal of Cleaner Production，123：124-136.

Sundt S，Rehdanz K. 2015. Consumers' willingness to pay for green electricity：A meta-analysis of the literature[J]. Energy Economics，51：1-8.

Swanson R M. 2006. A vision for crystalline silicon photovoltaics[J]. Progress in Photovoltaics：Research and Applications，14（5）：443-453.

Szulecki K K. 2017. Poland's renewable energy policy mix：European influence and domestic soap opera[J]. SSRN Electronic Journal.

Tang T，Popp D. 2016. The learning process and technological change in wind power：Evidence from China's CDM wind projects[J]. Journal of Policy Analysis and Management，35（1）：195-222.

Tang T. 2018. Explaining technological change in the US wind industry：Energy policies，technological learning，and collaboration[J]. Energy Policy，120：197-212.

Thompson P. 2007. How much did the liberty shipbuilders forget?[J]. Management Science，53（6）：908-918.

Tsantopoulos G，Arabatzis G，Tampakis S. 2014. Public attitudes towards photovoltaic developments：Case study from Greece[J]. Energy Policy，71：94-106.

Viklund M. 2004. Energy policy options—From the perspective of public attitudes and risk perceptions[J]. Energy Policy，32（10）：1159-1171.

Visschers V H M，Siegrist M. 2014. Find the differences and the similarities：Relating perceived benefits，perceived costs and protected values to acceptance of five energy technologies[J]. Journal of Environmental Psychology，40：117-130.

Walter G. 2014. Determining the local acceptance of wind energy projects in Switzerland：The importance of general attitudes and project characteristics[J]. Energy Research & Social Science，4：78-88.

Wang Y，Zhang D，Ji Q，et al. 2020. Regional renewable energy development in China：A multidimensional assessment[J]. Renewable and Sustainable Energy Reviews，124：109797.

Watanabe C. 1999. Systems option for sustainable development-effect and limit of the Ministry of International Trade and Industry's efforts to substitute technology for energy[J]. Research Policy，28（7）：719-749.

Wei M，Smith S J，Sohn M D. 2017. Non-constant learning rates in retrospective experience curve analyses and their correlation to deployment programs[J]. Energy Policy，107：356-369.

Weiss M，Junginger M，Patel M K，et al. 2010. A review of experience curve analyses for energy demand technologies[J]. Technological Forecasting and Social Change，77（3）：411-428.

Wene C O. 2000. Experience Curves for Energy Technology Policy[M]. Paris：OECD Publishing.

Weyant J P. 2011. Accelerating the development and diffusion of new energy technologies：Beyond the "valley of death" [J]. Energy Economics，33（4）：674-682.

Wiesenthal T，Leduc G，Haegeman K. et al. 2012. Bottom-up estimation of industrial and public R&D investment by technology in support of policy-making：The case of selected low-carbon energy technologies[J]. Research Policy，41（1）：116-131.

Williams J H，DeBenedictis A，Ghanadan R，et al. 2012. The technology path to deep greenhouse gas emissions cuts by 2050：The pivotal role of electricity[J]. Science，335（6064）：53-59.

Williams R H，Terzian G. 1993. A benefit/cost analysis of accelerated development of photovoltaic technology [EB/OL]. [2023-4-22]. https://acee.princeton.edu/wp-content/uploads/2016/10/nr-281.pdf.

Wing I S. 2008. Explaining the declining energy intensity of the US economy[J]. Resource and Energy Economics，30（1）：21-49.

Wright T P. 1936. Factors affecting the cost of airplanes[J]. Journal of the Aeronautical Sciences，3（4）：122-128.

Wüstenhagen R, Wolsink M, Bürer M J. 2007. Social acceptance of renewable energy innovation: An introduction to the concept[J]. Energy Policy, 35 (5): 2683-2691.

Yang C, Yeh S, Zakerinia S, et al. 2015. Achieving California's 80% greenhouse gas reduction target in 2050: Technology, policy and scenario analysis using CA-TIMES energy economic systems model[J]. Energy Policy, 77: 118-130.

Yang X, Heidug W, Cooke D. 2019. An adaptive policy-based framework for China's Carbon Capture and Storage development[J]. Frontiers of Engineering Management, 6 (1): 78-86.

Yao X, Fan Y, Zhu L, et al. 2020. Optimization of dynamic incentive for the deployment of carbon dioxide removal technology: A nonlinear dynamic approach combined with real options[J]. Energy Economics, 86: 104643.

Yao X, Liu Y, Qu S. 2015. When will wind energy achieve grid parity in China?—Connecting technological learning and climate finance[J]. Applied Energy, 160: 697-704.

Yeh S, Rubin E S. 2012. A review of uncertainties in technology experience curves[J]. Energy Economics, 34 (3): 762-771.

Yin J, Zheng M, Chen J. 2015. The effects of environmental regulation and technical progress on CO_2 Kuznets curve: An evidence from China[J]. Energy Policy, 77: 97-108.

York R. 2012. Do alternative energy sources displace fossil fuels?[J]. Nature Climate Change, 2 (6): 441-443.

Yu C F, van Sark W G J H M, Alsema E A. 2011. Unraveling the photovoltaic technology learning curve by incorporation of input price changes and scale effects[J]. Renewable and Sustainable Energy Reviews, 15 (1): 324-337.

Yu Y. 2019. Low-carbon technology calls for comprehensive electricity-market redesign[J]. Frontiers of Engineering Management, 6 (1): 128-130.

Yu Y, Li H, Che Y, et al. 2017. The price evolution of wind turbines in China: A study based on the modified multi-factor learning curve[J]. Renewable Energy, 103: 522-536.

Zahedi A. 2011. Maximizing solar PV energy penetration using energy storage technology[J]. Renewable and Sustainable Energy Reviews, 15 (1): 866-870.

Zeng Y, Guo W Y, Wang H M, et al. 2020. A two-stage evaluation and optimization method for renewable energy development based on data envelopment analysis[J]. Applied Energy, 262: 114363.

Zhang H, Wu K, Qiu Y, et al. 2020a. Solar photovoltaic interventions have reduced rural poverty in China[J]. Nature Communications, 11 (1): 1-10.

Zhang M M, Wang Q W, Zhou D Q, et al. 2019. Evaluating uncertain investment decisions in low-carbon transition toward renewable energy[J]. Applied Energy, 240: 1049-1060.

Zhang M M, Zhou P, Zhou D Q. 2016. A real options model for renewable energy investment with application to solar photovoltaic power generation in China[J]. Energy Economics, 59: 213-226.

Zhang M, Zhou D, Zhou P. 2014. A real option model for renewable energy policy evaluation with application to solar PV power generation in China[J]. Renewable and Sustainable Energy Reviews, 40: 944-955.

Zhang R, Shimada K, Ni M, et al. 2020b. Low or No subsidy? Proposing a regional power grid based wind power feed-in tariff benchmark price mechanism in China[J]. Energy Policy, 146: 111758.

Zhang X, Zhao X, Smith S, et al. 2012. Review of R&D progress and practical application of the solar photovoltaic/thermal (PV/T) technologies[J]. Renewable and Sustainable Energy Reviews, 16 (1): 599-617.

Zheng C, Kammen D M. 2014. An innovation-focused roadmap for a sustainable global photovoltaic industry[J]. Energy Policy, 67: 159-169.

Zhi Q, Sun H, Li Y, et al. 2014. China's solar photovoltaic policy: An analysis based on policy instruments[J]. Applied Energy, 129: 308-319.

Zhou D, Ding H, Zhou P, et al. 2019. Learning curve with input price for tracking technical change in the energy transition process[J]. Journal of Cleaner Production, 235: 997-1005.

Zhou D Q, Chong Z T, Wang Q W. 2020. What is the future policy for photovoltaic power applications in China? Lessons from the past[J]. Resources Policy, 65: 101575.

Zhou Z, Zhao F, Wang J H. 2011. Agent-based electricity market simulation with demand response from commercial buildings[J]. IEEE Transactions on Smart Grid, 2 (4): 580-588.

Zhu L, Fan Y. 2011. A real options-based CCS investment evaluation model: Case study of China's power generation sector[J]. Applied Energy, 88 (12): 4320-4333.

Zurita A, Castillejo-Cuberos A, García M, et al. 2018. State of the art and future prospects for solar PV development in Chile[J]. Renewable and Sustainable Energy Reviews, 92: 701-727.